天然清潔講師
本橋ひろえ

「天然無毒清潔」×「視覺化」

極簡居家打掃術

解決！

結婚3年來，先生常常幫忙做家事，但是……
盯—
碗洗好囉～
溼答答
溼答答
謝謝你喔！
瀝水籃裡塞滿餐具和鍋子。
亂七八糟～
溼答答～
擦桌子的抹布就這樣溼溼地放在桌上。
沾滿髒汙～
而且鍋底的髒汙也沒清乾淨。
在要洗的餐具底下發現黴菌！
噁—
洗碗槽的裡面還殘留著清潔劑的泡泡。
食物殘渣
唷…

這裡也發霉了！
我先清好浴室了～
大驚！
謝謝你喔！
只有浴缸是乾淨的。
牆壁溼答答。
地板溼答答。
在牆壁和地板間的縫隙發現黴菌。
哈啊…
當然這裡也發霉了。
沒關係，我都知道……（哭）
打開
嗚嗚嗚…

結婚3年來太太很努力地兼顧工作和家務。
盯ー
幹勁十足
拚命打掃
我的母親是家庭主婦，
家裡總是維持得很乾淨。
歡迎回來～
一塵不染
老家
自己家
牆壁看起來髒髒的。
地板踩起來沙沙的。
哈啊～

所以我也來幫忙吧。
先生的決定
週末用吸塵器吸地板。
嗚咿
兩天洗一次碗盤。
偶爾也會打掃浴室。
用力
擦洗
但是……
太太看起來總是很不高興。
老家
無所事事
我家的老爸可是什麼事都沒做耶～！
咚乓！
嚇一跳
什麼？

嗚嗚……
好想吐……
怎麼了!?
除霉漂白水？
是因為吸了漂白水的味道嗎？
漂白水
唉……
真是的～小心點啦！
火大！
什麼啊！還不是因為你打掃都只掃一半！
什麼？
妳怎麼可以這樣說！我都專程幫妳了耶！
!?
幫我？這是我們兩個的家耶！

※日本俗語，原文為「夫婦喧嘩は犬も食わない（夫妻吵架連狗都不理）」。意思是，夫妻吵架只是暫時的，不用外人插手，馬上就會和好。

我是路過的天然清潔講師！請多指教！
目瞪口呆…
登登！
重點不在於是誰吧！而是為什麼會不請自來……
你們明明是非常棒的夫妻，都會為對方著想，
但為什麼會吵架呢？

害羞
咦？很棒嗎？哎呀！真讓人不好意思。
不已
這件事暫且不論，
直接
拿走
很棒
會吵架都是因為你們太不了解打掃了！
太不了解？
這本書就留給你們了，請看看裡面的內容！我會再來的！
喵——

清潔就是化學！
了解「髒汙」的基本後，
在注意到時，
注意到的人
就會去清除注意到的髒汙。

天然清潔講師
本橋ひろえ

目前與丈夫、上高中的女兒、3隻貓一起生活，是個非常喜歡化學的天然系理科女。曾在化工企業負責化學藥品的銷售與合成清潔劑的製造，因此擁有各種關於去汙的知識。現在主要是以家庭主婦的角度研究天然洗劑的使用方法，並作為講師進行推廣。

「清潔工作無法順利地分工合作！」是有原因的

家事是每天的必做事項，不管怎麼做都沒有做完的一天。但是「要做什麼？」、「該做到什麼程度？」，這些界線會根據每個人的標準有極大的差異。即使是結婚成為家人的另一半，只要成長環境和價值觀不同，一樣也會出現分歧。

儘管如此，煮飯和洗衣服卻有一定的界線。煮飯的話，無論是自己動手做還是從外面購買，一般都會準備足以讓家人得到滿足感的飯菜，而且每次用完餐具如果都不洗的話，之後就會苦於沒有餐具可以使用。另一方面，若是不洗衣服就沒有衣服可以穿，所以無論再麻煩，都會每隔幾天洗一次。

但是打掃就沒有這些束縛。就如同「家裡有灰塵又不會死」這句話一樣，打掃這件事是屬於在意的人會很在意，不在意的人可以當作沒看見的類型。因為這樣的差異，才會出現覺得「都只有我在打掃」的人，以及因為被認為「反正你會打掃」而感到惱火的人。

而且**打掃之所以會讓人覺得「很麻煩」，是有原因的。**

麻煩的理由
1

髒了再打掃

人居住的房子，應該說，即使是空房，也會每天不斷地堆積髒汙。例如，灰塵、食物殘渣、皮脂、油脂、水垢、黴菌和細菌……。

在一般正常的生活中，一天累積的汙垢並沒有想像中的那麼多。甚至對有些人來說，只能算是「看不見」的程度，而這點就是打掃的陷阱。

如果非得等到發現「房間變好髒」（這也是因人而異）時，才不情不願地開始打掃，那就會覺得打掃是一件非常麻煩的事情。

以灰塵為例。灰塵是一種每天都會堆積的髒汙，但只要還處於蓬鬆的狀態，都可以簡單地擦拭清除或是用吸塵氣吸乾淨。然而，如果放著不管讓灰塵吸收水分的話，就會成為細菌或黴菌滋生的溫床。即使試圖擦拭乾淨，也會留下黴菌的黑色汙漬。此外，若是混有油汙，灰塵就會結塊，這種情況下，就必須使用清潔劑才有辦法清除。

廚房裡的油垢也是如此。**在烹煮食物的過程中，就算油噴得到處都是，只要趁熱擦拭，就不至於需要用清潔劑清理。**但如果抱持著「之後再清理」的想法，擱置一個月甚至兩個月，各位覺得會變成什麼樣子呢？每天產生的油垢就會像地層一樣堆積，導致起初沾附的汙漬凝結成煤焦油狀。若是不用強效清潔劑，就沒辦法與之抗衡。

這個道理也適用於潮溼地方的黴菌。只要趁黴菌還呈透明黏稠狀時去除，就能馬上恢復原狀，但當黴菌發展成黑色的黴菌後，就必須要使用氯系強效清潔劑，才有辦法恢復成原本白皙的模樣。

而且，汙漬一旦惡化到非常嚴重的狀態，即使花費時間和精力，也有可能無法恢復成原本乾淨的樣子。

POINT

- 髒汙每天都會堆積，裝作沒看見的話，可能會形成頑固汙垢。
- 汙垢發展到相當嚴重的狀態時，就算使用強效清潔劑也無法恢復原狀。
- 畢竟是自己居住的房子，要在形成麻煩前就先處理好！

麻煩的理由

2

使用合成清潔劑

大家家裡有多少清潔劑呢？光是打掃用的清潔劑，是不是就有好幾種呢？像是分別用於油垢、玻璃、木地板、浴室、廁所及水垢的種類等。

這些都是所謂的合成清潔劑。因為根據地點和用途有不同系列的產品，我們自然就會以為「清理浴室就要用浴室專用的清潔劑」，導致清潔劑用完時，往往會因為「沒有清潔劑無法打掃」而置之不理。

關於清潔劑的部分會在後續進行詳細的解說，這裡先稍微介紹一下。**不需要每一個地點，每一個用途都準備一罐清潔劑，應該要做的是按照「髒汙類型」來選擇清潔劑。其中，需要用清潔劑來清除的髒汙只有四種。因此，只要依照髒汙類型，從本書介紹的五種天然清潔劑中，選用適合的清潔劑，就能夠迅速地清理乾淨。**

很多人都以為「天然清潔劑是不會對身體和環境造成傷害沒錯，但去汙效果並不好」，然而事實並非如此。「浴室專用」、「廁所專用」等依照地點製造的合成清潔劑，是為了達到在那個地方清除最多髒汙的目的而製成的，因此對於性質不同的汙垢無法產生效果。所以才會有人驚訝地表示：「專用清潔劑無法清除的汙垢，用小蘇打粉竟然就能清理乾淨！」

再加上，合成清潔劑很難清洗乾淨。我就學時主修的是化學，當時只要用合成清潔劑清洗燒杯和試管，就得在沖掉泡沫後反覆沖洗十五次。如果不做到這個程度，器具上就會殘留清潔劑，進而影響到實驗的結果。打掃也是如此，清潔後若不做最後擦拭或多次沖洗，就會造成殘留。殘留的成分可能會成為導致髒汙或發霉的原因。

此外，也不能忽視對皮膚的負面影響。愈是努力清理，雙手的肌膚愈是粗糙的話，結果當然會覺得打掃很麻煩。

POINT

- 依照地點、用途分類的合成清潔劑並非萬能。
- 就算沖掉泡沫也不代表清洗乾淨，殘留的清潔劑會導致發霉。
- 清潔力愈高，對皮膚的刺激就愈大，進而造成皮膚變粗糙。

麻煩的理由

3

清掃工具不好用

似乎有很多人認為打掃就是「用吸塵器吸一吸」，所以說到清掃工具，這些人首先會想到的是吸塵器。

吸塵器的作用是吸除灰塵等乾燥的髒汙，但這些不過只是汙垢的一部分。**光是用吸塵器吸一吸，並不能清除烹調過程中產生的油脂，以及身體分泌出的皮脂等油汙**，當然也無法消滅黴菌和細菌。而且就算是灰塵，吸塵器能吸入的頂多只有地板上的灰塵。

要去除油垢，就必須利用擦拭的方式來清潔。一般都會說「要用抹布擦」，但各位印象中的抹布是什麼樣子呢？是舊毛巾嗎？將舊毛巾反覆縫補成厚實的模樣，就是最佳的抹布嗎？可惜不是，這種抹布很難曬乾，所以並不適合用來打掃。

抹布用來擦拭時會沾染髒汙，這時候要如何清洗會比較好呢？還記得小學的打掃時間嗎？當時是用水沖洗後，擰乾掛起來晾乾。但如果只是這樣的話，一段時間後，抹布會開始繁殖細菌並散發出異味。所以才會說，**不易清洗、擰乾和曬乾的毛巾抹布並不適合用於打掃。**但只要使用超細纖維製的抹布，擦拭清掃就會變得非常地簡單，這點在之後會再做詳細的介紹。

我想應該有不少人因為清掃工具的關係而討厭打掃。例如，無法確實清除髒汙的刷子（老舊牙刷就是如此）、吸塵器收在難以進出的地方、連碰都不想碰的刷子、總是溼答答的海綿……這些東西一個個都會打消打掃的幹勁。

只要擁有在清潔上相當可靠，以及方便好收納的工具，就能大幅減少打掃的麻煩。

POINT

- 打掃不光是用吸塵器吸一吸而已。請重新審視擦拭清掃的重要性。
- 不要使用不易清洗、擰乾和曬乾的毛巾抹布。
- 只要準備方便好收納的工具，就能夠輕鬆地打掃。

打掃的第一步是打造出容易打掃的環境

這本書的主角是一對隨處可見，非常普通的夫妻。

我想應該有很多這樣的家庭：太太和先生都不太喜歡打掃，而且兩人都有工作，都希望盡可能不要花太多時間在打掃上。此外，就像大多數的家庭一樣，太太花在家務上的時間比先生長，所以多少也比較懂得一些打掃的訣竅。但因為是自己研究出來的方式，沒有信心拿來教先生怎麼做。

我們一般都沒有關於「打掃」的正確知識。**什麼是汙垢？什麼是清潔劑？是利用什麼樣的構造來清除髒汙？需要清潔劑的汙垢與不需要清潔劑的汙垢有什麼不同？**這些都是學校和家庭從來沒教的知識。

一般學校都有安排打掃時間，但卻沒有教導正確的打掃知識。不僅如此，至今仍然要求孩子準備好用毛巾縫製的抹布，並要孩子在使用完後以水清洗、擰乾，掛在桌子旁晾乾。**這種半溼不乾，充滿細菌的抹布絕對不能說是乾淨。**我對於以這種方式讓孩子將打掃視為「理所當然」的學校感到疑惑。如果因此導致孩子討厭打掃，不就本末倒置了嗎？

若是繼續做沒有自信的事，人就會逐漸感到煩躁，進而產生出不想做的心情，而且就算做了也不會覺得開心。所以我寫了這本書，希望可以讓夫妻倆一起閱讀，一起培養正確的知識。

不只是抹布，**現在有愈來愈多優秀的清掃工具，希望各位可以毫不猶豫地使用這些工具。**另一方面，清潔劑要使用從過去以來就有的**天然清潔劑，不僅因為安全，還比較容易清除汙垢。**而且有很多清潔劑都不需要二次擦拭，讓打掃更加地輕鬆。

接下來，請先挑戰第一章的猜謎遊戲。在愉快地了解打掃的原理和原則後，再來嘗試每天五分鐘的「每日打掃」吧！

目錄

PART 3

每週、每月、每季…挑選出想要定期打掃的地方……79

PART 4

精選有助於打掃的產品 有助於打掃的產品&清除後能讓打掃更輕鬆的物品……131

PART 5

PART 1

汙垢是什麼？與使用的清潔劑有什麼關係？

讓人恍然大悟的打掃真相！

了解汙垢的種類與清潔劑的關係後，打掃會變得更輕鬆。
總是依照打掃地點準備清潔劑的你，首先應該仔細閱讀這章！

欸～一開始有打掃猜謎遊戲耶。
像是要我們寫出打掃兩個字嗎？（笑）
你會寫嗎？
當然啊！
登登
打侵
…錯了啦！
不要那麼計較啦！那換寫注音好了
ㄉㄚˇㄗㄠˇ
還是錯啊…
來看書裡的問題吧！
好丟臉～
問題1
吸塵器吸除的是什麼樣的髒汙？
?
那個～灰塵？

答對了
答案1
灰塵和頭髮等，不會沾黏的汙垢
以吸塵器吸除髒汙等，是最具代表性的物理性清除法。這類打掃不需要清潔劑。
什麼啊～也太簡單。剛剛都白擔心了。
那換下一個問題囉。
問題2
灰塵是什麼？請簡單地說明。
灰塵是⋯這個對吧？
這個是什麼啊？
可惜！
答案2
纖維屑裡的毛髮、粉塵、花粉及塵蟎的屍體等混合而成的合成物。
經常會堆積在容易產生纖維屑的寢室、衣櫥、廁所和更衣室等。

汙垢1

灰塵、塵埃

灰塵會不斷形成所以每天都要清理

汙垢分成兩種類型，一種是要用清潔劑才有辦法清除，另一種則是不需要額外使用清潔劑，後者中最具代表性的是灰塵。灰塵只要用吸塵器和除塵器具就能夠清除，但讓人困擾的是，如果放著不管，灰塵會愈積愈多。而且灰塵會在家中到處飛揚、移動，有時房間裡的灰塵還會與廚房裡的油汙混合、結塊，形成油垢。因此，我們每天都必須清掃灰塵。

原型

纖維屑和毛髮與乾掉的食物殘渣和沙子等混合後所形成的汙垢。

注意事項

- 放著不管的話會成為細菌等的巢穴。
- 與油汙混合後，就必須使用清潔劑才能夠清除。

清掃方法

- 以吸塵器吸除。
- 以除塵器具或超細纖維抹布擦除。

灰塵原來是這麼複雜的東西。
而且還會不斷地堆積……太可怕了。
來看下一題吧。
喵～
問題3
灰塵和油垢是家中的兩大汙垢。家裡的油垢來源，除了食物產生的油脂外，還有一個是什麼呢？
除了食物外還有其他油垢喔？
石油之類的……啊！應該是汙染海洋的油輪柴油吧？
家裡哪會有油輪啊！
咦——
可惜！
答案3
皮脂
人體分泌出的皮脂也算是油垢。腳掌或手指用來接觸的地方會沾上油垢。

汙垢 2

油垢

從廚房飄出的油汙沾附在家中各處的牆壁

食物產生的油脂和人類分泌的皮脂是形成油垢的兩大因素。那為什麼客廳的燈罩看起來油油的呢？那是由於混有油汙的水蒸氣，在廚房產生後漂至客廳的關係。而且當廚房的抽油煙機因為太髒導致吸力下降時，家裡就會沾染更多的油汙。也就是說，各位務必牢記「家裡的髒汙具有會到處流通的特性」。

原型
飛濺的食用油、魚和肉產生的動物性脂肪、人手皮膚分泌的油脂等。

注意事項
・放著不管的話，會形成頑固汙垢，導致難以清除。

清掃方法
・以小蘇打粉、酒精等擦拭。
・以過碳酸鈉浸泡、清洗。
・以肥皂泡抹來沖洗。

腳底分泌的油汙把客廳的地板弄髒了。
所以才會黏黏的啊~
餐桌上的髒汙是⋯
食物和雙手的油脂混合而成的汙垢。

所以光是沾水擦拭根本擦不乾淨。
哈啊…
喵…
這是灰塵和油汙混合而成的油垢吧。
擦不掉…
用力擦
如果不在灰塵與油汙混合之前清除，就會形成這樣的頑固汙垢。
…苦悶
投降

問題4
清掃灰塵不需要清潔劑。那有什麼汙垢需要清潔劑來清理呢？請回答3個較具代表性的答案。
油垢！
沒錯！你意外地很懂耶～
沒有妳說的那麼厲害啦～
呵呵呵呵
無視
還有兩個…
黴菌！
靈機一動！
沒錯！
還有一個是…？
嗯～

可惜！

答案4

❶油垢
❷黴菌
❸水垢

家裡的汙垢大致上可分為這3種。清掃油垢、黴菌和水垢時必須使用清潔劑。

問題5

以下哪一個是指水垢？

❶沾黏在廚房洗碗槽的殘留物
❷水龍頭底部的粉紅色黏液
❸浴室鏡子上怎麼擦都擦不乾淨的髒汙

是❶！
絕對沒錯！
因為像汙垢一樣摸起來粗粗的。
應該是粉紅色的黏液吧？
我覺得是❷！
妳不相信清理用水處的高手嗎？
啥!?
明明是弄得溼答答導致長黴菌的高手！
妳、妳說什麼啊！
喵—!!
兩人都很可惜！
答案5
❸浴室鏡子上怎麼擦都擦不乾淨的髒汙
洗碗槽裡的殘留物是油垢等堆積而成的髒汙；造成粉紅色黏液的原因是細菌。
原來是這個啊……
喵—

汙垢 3
水垢

一般清潔劑無法清除的粗糙汙垢

你是否有過「用浴室清潔劑擦拭浴室的鏡子，卻完全擦不乾淨」的經驗呢？這是因為造成髒汙的水垢為鹼性，無法用中性清潔劑清除。但如果將水垢放著不管導致結塊的話，之後就算用酸性清潔劑也無法清除。因此，最重要的是，要透過經常擦拭水分的方式防止形成水垢。

原型
自來水中的鈣和鎂等。

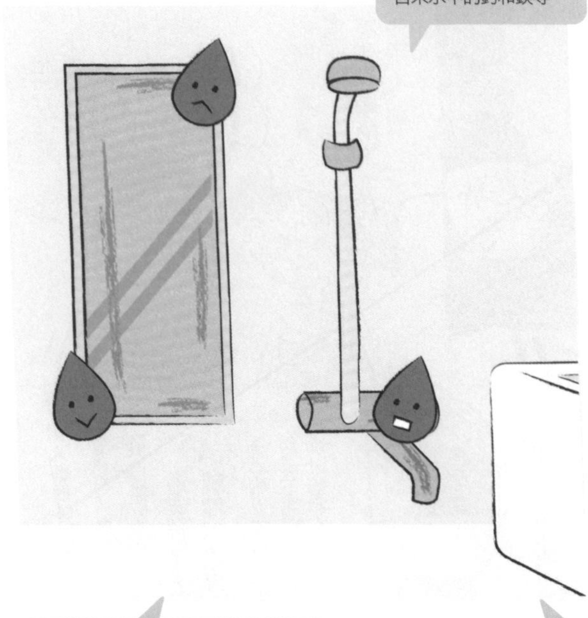

注意事項
- 每天擦拭的話可防止形成水垢。
- 長時間放置的話，就算使用檸檬酸也沒辦法清除。

清掃方法
- 以檸檬酸水擦拭。

重新打起精神，來看下一題吧！喔！是妳擅長的黴菌問題。
呀！
是天敵！
問題6
黴菌要繁殖就必須滿足3個條件。
①水分
②溫度
還有一個是什麼呢？
只會洗浴缸的丈夫！
舉手
咦？
咦？
啊！不小心說出真心話…
呵呵呵
可惜！
答案6
營養（油垢或清洗時殘留的清潔劑等）
不只是洗髮精和肥皂，清洗浴室時，如果清潔劑沒有沖洗乾淨，也會成為黴菌的食物。
不管是浴室還是廚房，到處都是黴菌的食物耶。
對啊！
OIL

汙垢

4

黴菌、細菌

減少「水分、溫度、營養」就能預防黴菌

黴菌和細菌會在溫度高於20℃、潮溼以及具有汙垢作為營養來源的環境中繁殖。因此，浴室很容易成為黴菌的天堂。為了預防發霉，在洗完澡後，要用蓮蓬頭將清潔劑等殘留物沖洗乾淨，並用刮水板刮除水分。一旦形成黑黴菌，就只能用強力清潔劑來清洗，所以務必要在黴菌還處與黏滑狀態時進行除菌。

原型

漂浮在家裡的黴菌孢子和細菌繁殖而成的產物。

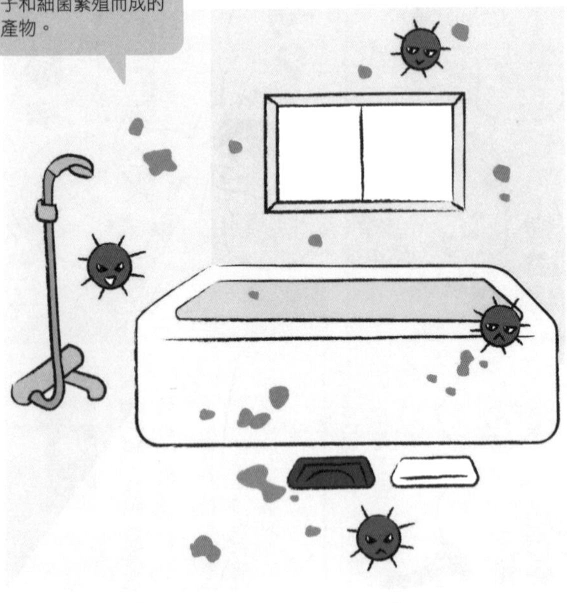

注意事項

- 預防勝於一切。先將水分擦乾，再以酒精除菌。

清掃方法

- 以過碳酸鈉浸泡、清洗。
- 噴灑酒精後擦拭。

也就是說，
打掃是為了要
清除這4種汙垢。
油垢
灰塵
細菌
黴菌
病毒
水垢
嗯嗯嗯嗯

所以說除了灰塵
不用清潔劑外，
剩下3種都能用
清潔劑清除。

問題7

你家有幾種清潔劑？請回答腦中第一時間想到的數字。

應該有
10種吧～
應該
不只吧？
15種？
1・2・3・・・

答案7

預測的數量與實際的數量差距5個以內就算對

實際算一算的話，很有可能會發現，持有的清潔劑數量比預測的數量還要多很多。

那就來算算看吧！
洗碗精
除菌
去汗劑
廁所3種
泡泡噴霧
廚房清潔
廁所清潔溼紙巾
廚房有5種
漂白水
油垢
浴室2種
浴缸用泡泡噴霧
除黴
洗衣服用的有7種
洗衣精
含氧漂白劑
去斑
這麼多…？
柔軟劑
中性清潔劑
衣領、袖子用的清潔劑
去黴
盥洗室2種
玻璃清潔劑
消除水管堵塞
用來清掃家裡的有3種
擦拭清理
玻璃用
地板清潔劑

這是什麼？
清理紗窗的清潔劑。
這個呢？
貼紙除膠劑。
這個呢？
烤魚架的清潔劑。
我們家竟然有25種！
震驚—
竟然有這麼多！
應該是因為在煩惱要怎麼清理時，會想說直接買專用清潔劑就好。
嗯～
問題就在這裡！
出現！

啊！！
莫非妳就是這本書的作者？
是不是逐漸看清打掃家裡時會遇到的問題啦？
喵—
真的耶！
用力
刷洗
擦拭
擦拭
用了一堆清潔劑還是清不乾淨……
洗不乾淨…
擦不乾淨…
而且雙手還變得很粗糙。
對呀！其實不用這麼多清潔劑喔！

問題8
你不小心把漢堡肉翻倒在地上，但用廚房紙巾怎麼擦都擦不乾淨。接下來，你會使用以下哪一種清潔劑呢？
❶ 髒汙黏在地板上，所以用地板專用清潔劑
❷ 是食物弄髒的，所以用洗碗精
❸ 髒汙的來源是油脂，所以用油垢清潔劑
翻倒
應該是地板用的吧？
洗碗精嗎？
答案8
3種都可以
無論是用哪一種清潔劑，都可以清除髒汙。但這些都是合成清潔劑，因此最後都必須沖洗或擦拭數次。
油脂和食物殘渣等汙垢是「酸性」。
這3種清潔劑都可以清除酸性汙垢，所以無論使用哪一種都能順利清除。

了解酸性、中性、鹼性汙垢與清潔劑的「酸鹼性」

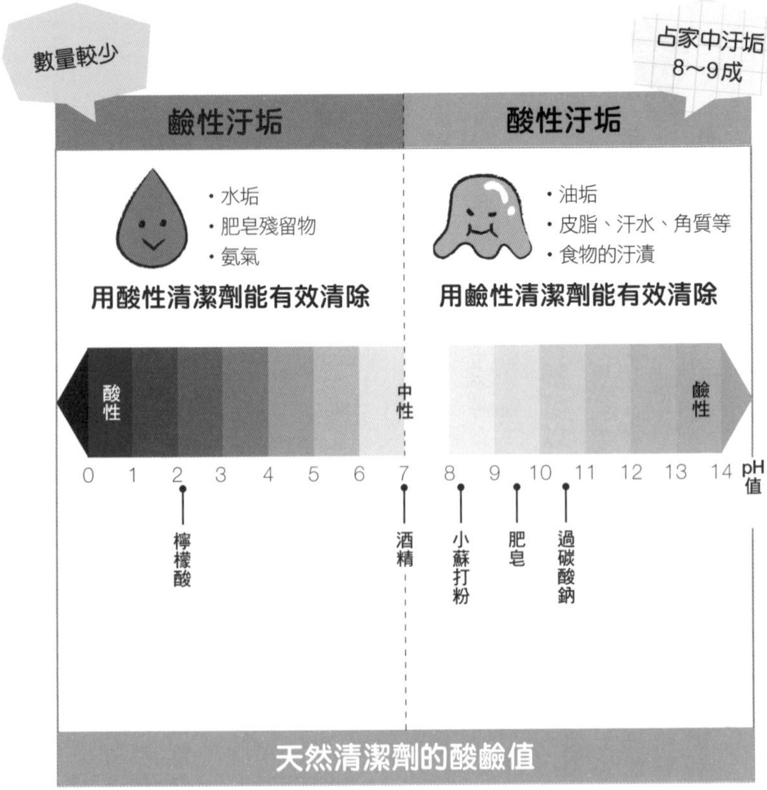

中性汙垢

黴菌、細菌等

這類汙垢會將酸性髒汙當作繁殖的糧食，但本身屬於中性，並非酸性或鹼性。

汙垢中的例外

灰塵、塵埃等

因為不是液體，沒有所謂的酸鹼性，而且清理時也不需要清潔劑。

這在以前的自然課學過！那時候用了石蕊試紙。
酸性汙垢用鹼性清潔劑清洗，鹼性汙垢用酸性清潔劑清除。
問題9
為什麼混合酸、鹼性後，就能輕鬆清除髒汙呢？
我知道！因為中和反應！
答對了！
答案9
中和反應
中和後汙垢會軟化，只要擦拭就能清除，不用再另外搓揉。
沒錯！因為中和後汙垢會軟化，只要擦拭就能夠清除。
所以才會說不用這麼多清潔劑嗎？

問題10

本橋ひろえ（也就是我）所使用的清潔劑有幾種呢？

（包含打掃、洗衣服以及洗碗）

① 5種
② 10種
③ 15種

5種也太少了吧？
那10種？

可惜！

答案10

① 5種

小蘇打粉
肥皂
過碳酸鈉
酒精
檸檬酸

只要用這5種清潔劑，無論是家裡、衣服還是餐具都能夠清洗乾淨。這就是本橋ひろえ流的天然清潔法！

什麼！
無論打掃、洗衣服還是洗碗，只要有這5種就能一次包辦嗎？
當然！

去除輕微的酸性汙垢
也能當作去汙劑使用

清潔劑
1

小蘇打粉

酸鹼性：非常弱的鹼性（pH8・5）
別名：碳酸氫鈉、焙用鹼
特徵：安全性高，可用於食物

放入40℃的
熱水中溶解

小蘇打粉
推薦使用
裝蜂蜜的容器
熱水200mℓ時，
小蘇打粉要調整為
½小匙

小蘇打粉5小匙
＋
40℃的熱水2ℓ

1%的小蘇打水
※1天內要用完（因為水會腐壞）

推薦的使用方式

★製作濃度1%的小蘇打水，到處擦拭、清掃。

擦除手垢或輕微油垢時非常方便。將抹布浸泡小蘇打水後擰乾、擦拭，就能夠去除汙垢。而且不必擦拭兩次，安全性相當地高。

其他

- 小蘇打粉不會溶於水，可以直接撒在水中，作為去汙劑使用。例如，清除茶垢等。
- 具有加熱後會起泡的特性，可用來清除鍋底燒焦的痕跡。

※直接撒在地毯等地方不會產生效果，也不能當作除臭劑。

鹼度比小蘇打粉來得強
可用來除菌、漂白、去汙

清潔劑
2

過碳酸鈉

酸鹼性：弱鹼性（pH10・5）
別名：含氧漂白劑
特徵：具有強效的除菌力和漂白力，去除油汙相當有效

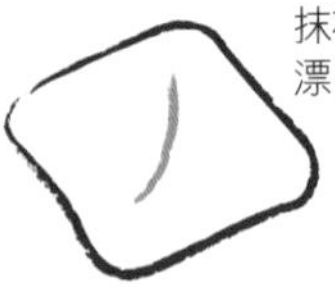

抹布的除菌、漂白

漂洗杯子上的茶垢

油膩的油垢

使用60℃的熱水效果最佳

60℃的熱水2ℓ
＋
過碳酸鈉1大匙

推薦的使用方式

★在60℃的熱水中溶解後，進行浸泡。

最能發揮出效果的溫度是60℃。用這個溫度的熱水將過碳酸鈉溶解後，將想要除菌、漂白或清除汙垢的物品放入水中浸泡30分鐘，或到水溫冷卻為止。

其他

- 堵住廚房的洗碗槽的排水孔，倒入熱水後，放入排風扇等沾染油垢的大型物品進行浸泡。
- 清理洗衣槽時，可在洗衣機中加入兩杯過碳酸鈉和60℃的熱水。

無論是消毒、油垢
還是禁止水洗的地方都OK

清潔劑
3

酒精

酸鹼性：中性（pH7）
別名：消毒乙醇、醫用酒精
特徵：揮發性高、殺菌效果強

消毒乙醇
以清水
稀釋
水110mℓ
＋
消毒乙醇90mℓ
濃度約80%的消毒乙醇原液，也可以用於手部消毒。
裝入可盛裝酒精的
噴霧瓶

推薦的使用方式

★如果是35%的酒精，就能當作不必二度擦拭的強力清潔劑。

酒精為中性，但具有溶解油脂的作用。以噴霧器噴灑後，輕輕鬆鬆就能去除油垢。保存期限約3個月。

其他

- 為避免在清掃時傷及物品材質，將酒精濃度稀釋到35%，使用上會比較方便。
- 擦拭廚房周邊，以及電器和遙控器等。無論是油垢還是細菌都能夠消滅。
- 可用於擦拭榻榻米、地毯、壁櫥等不適合碰到水的地方。

利用酸性輕鬆解決水垢和肥皂殘留物

清潔劑 4

檸檬酸

酸鹼性：酸性（pH2・1）
別名：無
特徵：不像食用醋一樣擁有獨特的味道，所以非常適合用來打掃

推薦的使用方式

★定期以濃度1%的檸檬酸水清潔用水處

噴灑在鹼性汙垢上，並沖洗乾淨後，以乾燥的超細纖維抹布擦拭，這麼一來，就連用水處的不銹鋼也會乾淨到發亮。沖洗時要確實洗乾淨，以防止生鏽。

其他

- 在洗碗機裡放入1大匙的檸檬酸，按下運轉開關（不放入餐具），去除裡面的水垢。
- 用檸檬酸擦拭廁所的牆壁和地板的尿漬，去除氨氣的臭味。

利用界面活性劑的力量
沖洗汙垢和病毒

清潔劑
5

肥皂

酸鹼性：弱鹼性（pH9~10）
別名：脂肪酸鹽、脂肪酸鉀皂
特徵：以界面活性劑（泡泡）將油垢溶於水

確實搓出泡泡

推薦的使用方式

★碗盤、抹布等，搓出泡泡清除汙垢。

作為界面活性劑的肥皂，會於水中將油汙乳化後去除。在可以用水沖洗的地方，肥皂是清除油垢的最佳清潔劑。

其他

- 將冷氣濾網或排風扇等零件拆下來後，像洗碗一樣進行清洗。
- 也適合用來洗手，消毒手上的病菌。

小蘇打水也太厲害！瞬間就能清除手垢！
光亮ー
用小蘇打和科技海綿搓洗後，鍋底都亮晶晶的。
閃閃
發光
用檸檬酸水擦拭後，整個水龍頭乾淨到發亮！
晶亮ー
只是用熱水和過碳酸鈉浸泡，排風扇和爐架都乾淨到滑溜溜的。
光滑
滑溜
光滑
酒精噴霧超級方便。
無論是浴室、廁所還是廚房都能使用。

用肥皂清洗，連抹布都潔白如新。
也很適合拿來清理電器。連油垢都能清除～
這25種清潔劑該怎麼辦？
一大堆～
總覺得打掃很開心呢。
我也是～知道原理後做起來很輕鬆。
喵～
嗯嗯
嗯嗯

心中的貓之手①

打掃初學者二三事Point

家務經驗不足的人很容易會犯下一些錯誤。
如果因此感到煩躁，就讓當事人看看這頁的內容，並改變自己的想法。

〈其1〉

四方形的房間直接忽略邊邊角角角落的灰塵就這樣放著！

如果只是盲目地移動吸塵器或除塵器具，就會殘留一些沒有清掃到的灰塵。因此，打掃的時候要注意房間的角落和家具的周邊。

↓

煩躁時就改變想法

打掃時忽略邊角的人，是因為個性也比較圓滑。
儘管沒有清掃角落，房間的灰塵相對上還是有減少喵。

〈其2〉

抹布留在擦拭完的地方！吸塵器也孤零零地放在走廊。

用完的抹布、除塵器具和吸塵器就這樣放著不管。
是能理解那種「終於結束了！」的感覺，但清掃完畢後還是要將器具歸位。

↓

煩躁時就改變想法

當事人可能打算在1個小時後清掃別的地方，其實相當有幹勁喵。

PART 2

首先必須掌握的打掃TOP8

知道要做什麼，分工合作會更輕鬆

以下介紹一些只要確實掌握，就能輕鬆讓家裡保持「乾淨」的重點。請試著依照一般的流程打掃，如此一來，就會發現做起來比想像中簡單。

家裡好乾淨～！
我們做到了！
我們是會打掃的夫妻呢（哭）
問題是要怎麼維持。
就算是硬拚也想要維持下去。
妳這樣也太可愛了吧。
嗯～你真壞～
咳咳
那邊的夫妻該適可而止囉！

抱歉～
嘿嘿嘿
要維持房間的整潔其實很簡單，不用太擔心！
一個地方只要打掃2～3分鐘就好囉！
2~3 min
真簡單！
要維持下去！
每天都要努力唷！
每天都要？好沒幹勁。

保持「乾淨」其實很簡單

在第1章中，夫妻兩人已經將家裡打掃得一塵不染，但從現在開始才剛要進入正題。要維持家中的整潔，就必須進行「每日打掃」。

要打掃已經清掃乾淨的房子其實非常簡單，基本上帶來的負擔小到驚人，所以沒有必要因為「竟然每天都要打掃！」而感到害怕。

會這麼說的原因在於，**進行每日打掃時幾乎不需要用到清潔劑。**只要分別用除塵器具清掃灰塵，用布或超細纖維抹布擦拭髒汙，用刮水板刮除水分即可。如此就能保持家中的「乾淨」。

而且由於每天都在打掃的關係，**打掃器具不太會因此沾染髒汙。**就連擦拭用的超細纖維抹布，也只會沾上一點點汙垢。這點汙垢只要用熱水沖洗，稍微擰乾後放入洗衣機就能清洗乾淨。使用完的盥洗室也是，用擦完臉的毛巾大致擦一下後，將毛巾放入洗衣機即可。**這些都可以與其他要洗的衣服一起清洗。**如果是清掃堆積的汙垢，就不能這麼簡單地丟進洗衣機了，畢竟不會有人想將沾滿髒汙的抹布和珍貴的洋裝一起清洗。

黴菌和細菌數量減少，也是每日打掃的一大優點。如果養成每天打掃用水處的習慣，浴室和盥洗室的黴菌就會明顯減少。而且家中之所以會發霉，大多都是因為浴室內的黴菌孢子到處飛來飛去所造成的，當浴室的黴菌減少時，**衣櫥和冷氣自然也不會發霉。**如此一來，就可以擺脫清掃黴菌的命運。

最後還要一件事要告訴各位，如果每天都打掃的話，休息一天是沒問題的。但每天都堅持打掃的人，會不自覺變得很在意汙垢，當然也就沒辦法連續3、4天放任髒汙不管。這就是堅持會成為力量的證據。

POINT

- 做得到的人，在方便的時間，負責可以承擔的地方。
- 養成每天打掃的習慣，就不會覺得痛苦。
- 想要休息時，不要勉強自己打掃。

利用零碎的時間養成「每日打掃」的習慣

想要長期堅持「每日打掃」，避免汙垢堆積的話，關鍵在於要將打掃作業拆分成數個小工作。

那要拆分到什麼程度呢？最好是**一個地方可以在5分鐘內打掃完畢。**如果能在5分鐘內結束的話，就算每天都進行也不會造成負擔。

以打掃廁所為例，如果要用吸塵器吸除灰塵，並擦拭牆壁和地板，以及打掃馬桶內外的話……花費的時間勢必會超過10分鐘。

因此我將打掃的作業拆成兩個部分，一個是每天3分鐘就能完成的，另一個是週末統一打掃的部分。每天要做的是，用酒精擦拭捲筒衛生紙架、地板和馬桶的外側。這麼一來，就能在3分鐘結束（P68）。而且如果每天都有確實完成的話，尿漬就不會轉變成氨氣並形成惡臭。

本章將會介紹8個每天5分鐘就能完成的打掃工作。但每個家庭每天要清掃的區域與花費的時間都不同。因此，一開始**請先用計時器來測量打掃一次所需的時間。**例如，以吸塵器打掃家裡時要花幾分鐘？洗碗後如果要連洗碗槽一起清理的話，要多花多少時間？只要知道具體的時間，就可以按照自家的情況，「將可以簡單完成的打掃工作排入每日打掃的行列中」。

而且如果打掃作業用不到5分鐘，自然而然就會利用零碎的時間「稍微清一下其他地方」。如此一來，**家中的某個區域每天都會維持得很乾淨。**而這股滿足感，也會成為明天繼續打掃的動力。

POINT

- 拆解打掃作業，讓「每日打掃」可以在5分鐘內打掃完畢。
- 如果要保持每天進行的動力，就必須在5分鐘內打掃完一個地方。
- 實際試試看，如果需要的時間太長就再重新調整。

打掃的第一步是打造出容易打掃的環境

室內的整理是維持「每日打掃」的一大重點。

老實說，我其實也不太擅長整理，每次看到室內設計雜誌中的時尚布置就會忍不住嘆氣。因此請放心，這裡並不會要求大家做到像雜誌一樣的程度。

要讓打掃更輕鬆，首要條件是，**地板不要放任何物品。**如果將換下的衣服、雜誌或報紙等丟在地上，那些地方就會堆積灰塵。而且當地板放有物品時，不僅很難用吸塵器清理，也不好擦拭，再加上還要一個一個挪開進行打掃，自然就會花上更多時間，導致無法在5分鐘內結束。

此外，若是在廚房、盥洗室和浴室等的地板放置物品的話，那些地方會積聚水分並且很容易滋生細菌。因此，**用水處盡量不要放置物品，如此才能在水分蒸發後迅速擦拭乾淨。**這部分會在第4章進行詳細的說明。

也就是說，在進行打掃前，請先重新檢視物品放置的地方。決定好每個物品「要放置的地方」，並告訴大家要隨時物歸原處。最好是盡量放在不會妨礙打掃的地方。

但如果物品太多，就會沒辦法完全收拾乾淨，這時候可以試著想一下「需要這個嗎？還是不需要呢？」。不過如果是家人買的物品，請讓本人自己決定去留，不要擅自隨意扔棄。當決定要留下來時，也要請對方思考要收納的地方，並要求對方要負起責任，例如負責打掃收納處等。

POINT

- 如果沒有那些到處亂放的物品，就能加快打掃的速度！
- 物品太多時，會成為灰塵、細菌和黴菌的巢穴。
- 由購買者負起丟棄時的責任。

早上的除塵器具巡邏

原因 灰塵會於夜晚堆積在地板上。
一大早就擦除的話，就不會累積大量的灰塵。

在夜深人靜，所有人都入睡時，飄揚於房間的灰塵會慢慢地堆積在地板、櫃子和桌子上。而早上就是清掃這些灰塵的最佳時機。因為灰塵會隨著人們的走動而飄揚，可以的話，由第一個起床的人負責清掃灰塵會比較好。雖說如此，如果不想在一大早使用會發出轟轟聲的吸塵器，那除塵器具會是一個相當理想的選擇。

建議一手拿著除塵撢，一手拿著除塵拖把，一邊擦拭一邊繞家裡一圈。如果時間不太充裕的話，可以只挑一個地方清理，例如地板或櫃子。因為灰塵會到處移動，當地板的灰塵減少時，架上的灰塵也會跟著減少，反過來說，架上的灰塵減少的話，地板的灰塵也會減少。稍微隨意一點也沒關係，也不用太在意四方形房間的角落。總之，每天堅持地打掃，就能有效減少家裡的灰塵。

順帶一提，如果是「我家都是掃地機器人幫忙清掃灰塵」的家庭，只要用除塵器具清掃掃地機器人碰不到的高處即可。

要做的事項

1. 早上起床的第一件事，就是拿起除塵拖把和除塵撢。
2. 用除塵拖把拖地板時，沿著走廊、客廳、餐廳、廚房及廁所等地方繞一圈。
3. 繞家裡一圈的過程中，順便用除塵撢擦拭架子、牆壁和燈罩等。
4. 將打掃器具放回原處。除塵拖把要先換上乾淨的除塵紙。

作業Check!

- ☐ 房間的角落沒有堆積灰塵。
- ☐ 地板沒有頭髮等髒汙。
- ☐ 先整理放在地上的物品後再打掃。
- ☐ 換上乾淨的除塵紙。
- ☐ 將除塵器具放回原處。

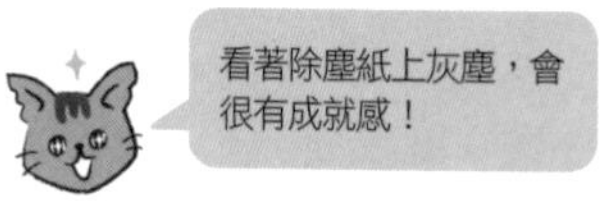

清潔用具

- **除塵拖把**
- **除塵撢**

要清除哪些髒汙？

灰塵

往往會堆積在穿脫衣服的地方或人們經常走動的地方。因此，每天都要用除塵器具清掃客廳、餐廳、臥室、走廊和盥洗室等。

推薦的打掃時機

早上

灰塵會輕盈地飛揚在空中，當家人開始活動時就會再次飄揚，所以要趁還沒有人走來走去時先擦拭乾淨。

擦拭尚未完全冷卻的爐具

原因

飛濺的油垢會隨著時間的流逝演變成頑固汙垢。
剛使用完時較容易清除。

爐子周邊會沾染各種油汙，例如從平底鍋飛濺出來的油以及魚、肉脂肪等。如果將這些油汙放著不管，在下次的烹調過程中，就會因為受熱，形成難以清除的頑固焦痕或堅硬塊狀物，導致廚房看起來不美觀，「無法隨意地向客人展示」。

為了避免這種情況，建議每天都要擦拭油汙。如果是剛濺出來的油，不用清潔劑就能清除，所以可以在烹煮的過程中擦拭乾淨。請先準備好剪成小塊的舊毛巾或衛生紙等一次性的紙巾，以便在發現時立即擦除。若打算在飯後擦拭，可像左頁介紹的一樣，以小蘇打水將抹布浸溼後，進行擦拭。不只是爐子，最好連周邊的牆壁、架子和抽油煙機都一起清理。除此之外，瓦斯爐的爐架也要每天清理乾淨。沾染的汙漬只要在當天清除的話，就不會出現焦痕。也可以放入洗碗機裡清洗，打掃上會更加地輕鬆。

要做的事項

1 從熱水器中將40℃的水倒入碗中。

2 將一次性的抹布放入步驟**1**中浸溼，擰乾後擦拭爐子周邊的牆壁、抽油煙機以及拆掉爐架的爐子。

3 將拆下來的爐架放入步驟**1**的小蘇打水中清洗後晾乾。

作業Check!

- ☐ 調理器具都確實收拾乾淨。
- ☐ 牆壁和抽油煙機摸起來不會油油黏黏的。
- ☐ 洗好的爐架擦乾後有裝回原處。
- ☐ 所有的器具都已經確實擦乾。

在烹調的過程中勤加擦拭的話，打掃會更加輕鬆。

清潔用具

- **小蘇打粉**
- **一次性的抹布或紙巾**

要清除哪些髒汙？

油垢

放著不管的話，會逐漸乾燥並結塊，進而散發出油耗味。因此，今天產生的汙垢請盡量在今日擦拭乾淨！

推薦的打掃時機

飯後

趁著收拾餐具時，順便擦拭爐子的周圍。用來擦拭的小蘇打水也可以用在「每日7」的地板擦拭。

每日
3

將洗碗槽當作大型餐具清理乾淨

原因

剛用完時就和餐具一樣髒，
如果放著不管，會滋生細菌。

洗碗槽沾有許多不同類型的汙垢，例如油垢、食物殘渣、洗碗時的清潔劑泡沫，以及自來水中的礦物質等。而且因為相當地潮溼，很容易就會滋生細菌，導致上面的食物殘渣、油垢和清潔劑等成為細菌繁殖的糧食。

因此，在洗完餐具後，必須將洗碗槽清理乾淨。如果每次都清洗的話，就會產生一種「在結束前清洗一件大型餐具」的感覺。不用特地準備洗碗槽專用的海綿，而且清潔劑最好是用小蘇打粉。清洗時，直接將小蘇打粉撒在洗碗槽中，像去汙粉一樣擦洗。也不要忘了連同水槽杯一起清洗。

如果直接將飛濺出去的水珠丟著不管的話，可能會形成水垢或導致發霉。所以整理完畢後，要以用完的抹布或擦手巾將所有的水擦乾。水龍頭也要記得擦拭。只要每天都擦乾水氣，就能有效防止黴菌和細菌的孳生，以及水垢的形成。

要做的事項

1. 在洗碗槽中撒上小蘇打粉，用網狀洗碗布搓洗。
2. 將排水孔的水槽杯取出，倒掉裡面的垃圾後以網狀洗碗布搓洗。
3. 沖洗洗碗槽和水槽杯後，將網狀洗碗布清洗乾淨並晾乾。
4. 最後，以抹布或擦手的毛巾（隔天清洗）將洗碗槽和流理台擦乾。

作業 Check!

- ☐ 流理台、牆壁、地板沒有飛濺出來的水珠。
- ☐ 洗碗槽和水槽杯內沒有髒汙或食物殘渣。
- ☐ 網狀洗碗布沖洗乾淨並晾乾。
- ☐ 抹布和擦手用的毛巾丟入洗衣籃。

最後有擦乾水分的話，清除水垢的作業只要一個月進行一次即可。

清潔用具

- **小蘇打粉**
- **網狀洗碗布**
- **抹布或擦手用的毛巾**

要清除哪些髒汙？

油垢、食品髒汙

放著不管的話，會形成難聞的氣味，同時也會成為黴菌和細菌的糧食。不過如果是在剛吃完飯，尚未惡化成上述程度時，這些汙垢的就和同餐具上的汙垢一樣。

推薦的打掃時機

洗完餐具後

飯後清洗時的最佳順序為，碗盤⇒洗碗槽⇒爐子。最後再擦乾水分即可。

擦拭使用後的馬桶

原因 每天只要在使用後擦拭1次，就可以預防頑固的尿漬和黃斑。

廁所沾染了各種不同的髒汙，其中一種是從人體排出的酸性汙垢，例如附著在馬桶座墊和馬桶蓋等的皮脂，或是沾在馬桶上的尿液和糞便等。要解決這些汙垢，只要靠酒精或小蘇打粉就可以達到顯著的效果。但因為小蘇打水不能長期保存，如果要噴灑、使用的話，酒精會是最佳的選擇（P47）。而且酒精也有助於殺除以酸性汙垢為食物，進行繁殖的黴菌和細菌。

另一種髒汙則是鹼性汙垢。舉凡尿液在噴濺後經過長時間的發酵而形成的氨氣臭味、附著在馬桶內側的尿漬及洗手台周邊的水垢等，都能用檸檬酸有效清除。

然而，如果全部都要打掃的話，想當然會超過5分鐘。其實每天只要照著左頁介紹的步驟來清掃，就能預防尿漬和黃斑等。因此，要隨時在廁所內備好酒精噴霧和一次性的抹布，並在注意到髒汙時就馬上清除。儘管如此還是散發出氨氣臭味的話，就有可能是因為尿液噴濺到牆壁上的關係。這時就會希望男性也坐著上廁所，相信大家也是吧？

要做的事項

1. 準備一次性抹布和酒精噴霧。
2. 將酒精噴在抹布上，擦拭衛生紙架和遙控器。
3. 打開馬桶蓋和坐墊，在馬桶的邊緣和馬桶內噴灑酒精。
4. 蓋上馬桶坐墊，在坐墊和邊緣內側噴灑酒精。
5. 蓋上馬桶蓋，在馬桶蓋上和地板噴灑酒精。
6. 取第2塊抹布沾溼、擰乾後，擦拭馬桶蓋。
7. 打開馬桶蓋，擦拭蓋子的內側和坐墊。
8. 擦拭地板。
9. 打開馬桶坐墊，擦拭坐墊內側和馬桶。

作業Check!

- [ ] 馬桶和地板沒有髒汙。
- [ ] 沒有氨氣臭味等。
- [ ] 沒有頭髮和灰塵。
- [ ] 一次性抹布已經丟棄，並將酒精噴霧放回原處。
- [ ] 馬桶蓋蓋上。

順便替換乾淨的毛巾，並利用使用完的毛巾擦拭洗手台。

清潔用具

- 一次性抹布
- 酒精噴霧

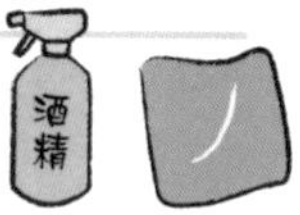

要清除哪些髒汙？

尿液和皮脂汙垢、灰塵

尿漬如果不早點擦拭乾淨的話，會散發出強烈的臭味。馬桶同時也是會堆積許多灰塵的地方，所以每天都要擦拭。

推薦的打掃時機

使用完後

隨時將酒精噴霧和一次性抹布準備好，放在方便取用的地方，這樣發現的人就可以馬上進行清理。

刷完牙後擦拭盥洗室

原因

去除水分、皮脂和清潔劑，有效預防發霉和水垢。

每日打掃中最重要的地方莫過於用水處，因為去除汙垢並將水擦乾，可以同時預防發霉和水垢。

盥洗室除了水以外還有頭髮、皮脂、肥皂和洗面乳等的汙垢。與廚房的汙垢不同，黏膩的油垢較少，所以只要噴灑小蘇打水，就能清除乾淨。有時鏡子上可能會沾黏牙膏或造型髮品等，可以先噴酒精再進行擦拭。

擦拭完畢後，請用已經準備拿去清洗的毛巾確實將水分擦乾。如此一來，用檸檬酸清理水垢的作業，只要1～2個月做1次即可。

問題在於之後家人也會使用盥洗室。為了避免出現「明明都擦乾了卻打回原形……」的情況，最好規定大家都要用擦拭臉部的毛巾，或超細纖維抹布擦乾水分。之後再將使用過的毛巾放進洗衣籃裡。

要做的事項

1. 在盥洗室的鏡子上噴灑酒精後，用準備要拿去洗的毛巾進行擦拭。
2. 在洗臉台的內側撒上小蘇打粉，以網狀洗碗布擦洗。
3. 沖洗乾淨後，使用準備要拿去洗的毛巾擦乾。

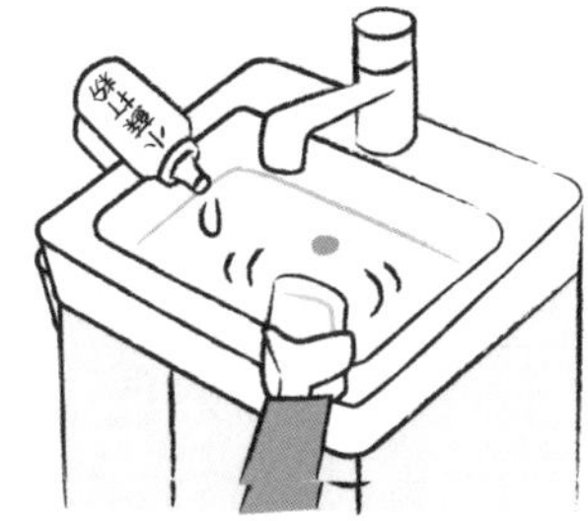

白天在盥洗室放一塊超細纖維抹布，以便於在每次使用完盥洗室後將水擦乾。

推薦的打掃時機

洗衣服前

在洗衣服前將髒汙和水分擦除，除了可以防止形成水垢和產生黴菌，還可以馬上清洗毛巾。

作業Check!

- ☐ 網狀洗碗布清洗乾淨，並掛起來晾乾。
- ☐ 洗臉台沒有殘留的水珠。
- ☐ 使用完的毛巾丟入洗衣籃。
- ☐ 小蘇打粉、酒精噴霧放回原處。

清潔用具

- **小蘇打粉**
- **酒精噴霧**
- **網狀洗碗布**
- **使用過準備要洗的毛巾**
- **超細纖維抹布**

要清除哪些髒汙？

皮脂汙垢、清潔劑、水垢

無論是皮脂汙垢還是清潔劑的汙漬，都能利用小蘇打去汙粉有效清除。為了預防發霉，要在水分乾掉後用酒精擦拭。另外，把水分擦乾能預防水垢。

每日
6

最後使用的人負責打掃浴室

原因

排掉熱水後立即清洗浴缸，就不需要清潔劑。
去除水分可預防黴菌和水垢。

黴菌的部分應著重於預防。酒精等固然可以用來消除黴菌，但卻沒辦法去除黑斑，所以最好的辦法是在發霉前先採取行動。浴室是預防黴菌的第一線。如果浴室長滿黴菌，我們在洗澡時身上就會沾染黴菌孢子，讓孢子藉此飄散到家裡，進而在盥洗室、廚房、衣櫥等潮溼的地方繁殖。因此，要趁還沒惡化到這個地步前，在浴室就阻斷傳播鏈！

為此最重要的是，不要讓浴室內的環境滿足黴菌繁殖的條件。黴菌喜歡20～30℃溫度與潮溼的環境，並且會以沒沖洗乾淨的清潔劑和皮質等汙垢作為繁殖的糧食。所以才會說浴室是黴菌的天堂。但只要最後一個使用完浴室的人將這個環境還原，就不會造成發霉的問題。左頁介紹的打掃流程乍看下似乎很辛苦，不過一旦做習慣了，3分鐘內就能解決。多虧我們一家人每天都進行這項作業，本橋家從來沒有出現發霉的情況，而且也不需要特地大掃除。此外，一滴水都不留，也可以預防水垢的形成。

要做的事項

1. 洗完澡後，馬上拔掉浴缸塞。
2. 用蓮蓬頭沖洗浴缸和浴室牆壁。
3. 利用刮水板，依序將牆壁、鏡子、窗戶、洗臉台和地板的水氣刮乾淨。
4. 排掉泡澡水後，用網狀洗碗布擦拭浴缸內部，再用蓮蓬頭沖洗。
5. 將椅子掛在浴缸上，臉盆掛在牆上，並打開排水孔的蓋子。

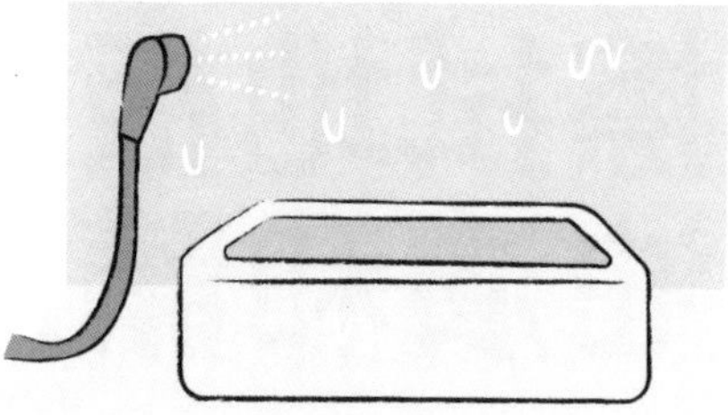

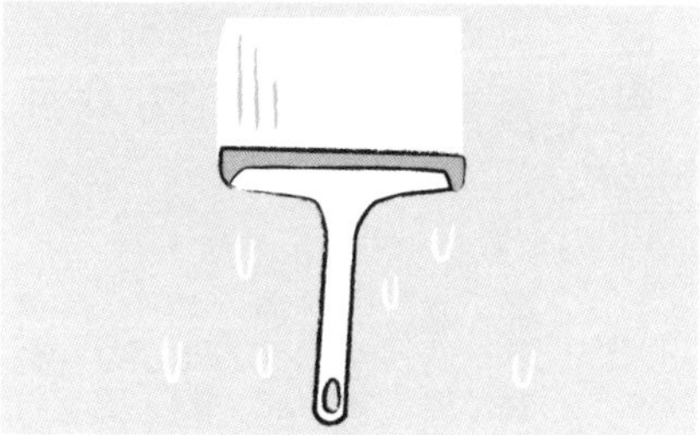

作業Check!

- □ 網狀洗碗布沖洗乾淨並晾乾。
- □ 浴缸內側光滑無髒汙。
- □ 浴室的牆壁和地板沒有殘留的水珠。
- □ 浴室的地板和洗臉台沒有放置任何物品。

每天持續這項清掃作業，就不會再看到黴菌，而且也不需要大掃除喵！

清潔用具

- 刮水板
- 網狀洗碗布

要清除哪些髒汙？

皮脂汙垢、清潔劑、水垢

使用後直接清洗就不需要清潔劑。如果很在意髒汙，可以撒上小蘇打粉後刷洗。每次都有將水分擦乾的話，一個月只要清理水垢1次即可。

推薦的打掃時機

所有人洗完澡後

從排掉泡澡水後開始進行。排完水後立即清理，只要刷一刷就能清洗乾淨。要確實地將浴缸內的熱水排放乾淨，以預防發霉。

擦拭地板的油漬和髒汙

原因　地板容易沾附食物的油脂和汙垢，以及腳底的皮脂。在與灰塵混合前擦拭乾淨，打掃會更輕鬆。

不只是食物，身體也會分泌出油垢。夏天光著腳啪搭啪搭地走路時，地板上就會殘留腳掌的皮脂。其中，男性皮脂分泌尤其旺盛，所以在男性占比較高的家庭，必須要將地板擦拭乾淨。

雖說如此，但並不需要每天都將家裡地板都擦過一遍，只需要重點擦拭廚房和餐廳。廚房是因為烹煮食物時，油會到處噴來噴去；餐廳則是由於家人經常聚集在餐桌周邊，容易殘留皮脂。而且有時也會出現食物的油脂流到地板上的情況。

以皮脂為主的油垢不像食物油汙般那麼難清理，不必用濃度1％的小蘇打水擦拭兩次，所以相當適合大面積的清理。如果發現某些地方有沾黏食物油汙，只要噴酒精擦拭即可。

將人們經常走動的廚房和餐廳地板擦乾淨後，就能減少髒汙附著在腳掌上，並轉移到其他房間的情況。如此，走廊和客廳也比較不會沾染髒汙。

要做的事項

1 在洗臉台或水桶中倒入 2 ℓ 的 40℃熱水，調製濃度 1%的小蘇打水。

2 將超細纖維抹布於步驟 1 中沾溼後擰乾，擦拭廚房和餐廳的地板。

3 使用完的抹布以步驟 **1** 的小蘇打水沖洗乾淨後，放入洗衣籃中。

作業 Check!

- ☐ 地板沒有汙垢或黏黏的髒汙
- ☐ 地板摸起來很乾爽。
- ☐ 使用完的抹布放入洗衣籃。

濃度 1%的小蘇打水，不必再用清水擦拭第 2 次。不管是對寵物還是嬰兒來說都很安全！

清潔用具

- **小蘇打粉**
- **超細纖維抹布**
  ※也可以用除塵拖把

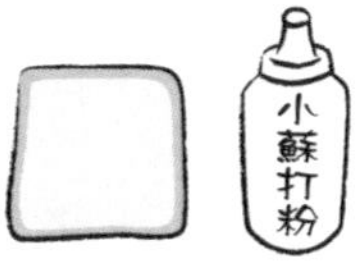

要清除哪些髒汙？

油垢

主要是皮脂的汙垢，不像爐子周邊的油垢一樣那麼頑固。如果有灰塵殘留，抹布很容易就會沾染髒汙，要多加留意。

推薦的打掃時機

飯後、睡前

趁晚上先將油汙擦乾淨，早上除塵時會更輕鬆。

使用肥皂洗碗

原因 肥皂的清潔力不亞於合成清潔劑，而且不僅容易起泡，還不會殘留異味，清洗上相當輕鬆。此外，也不會對肌膚造成傷害。

餐具上的髒汙比家中任何汙垢都還要難以清洗，因此洗碗用的合成清潔劑在製作上也設計得較為強效，導致使用後雙手會明顯變得粗糙。

肥皂不僅不會傷害肌膚，還具有清潔力高，容易起泡的優點。而且肥皂可以沖洗得非常乾淨，不像合成清潔劑，即使看起來已經將泡沫清洗乾淨，仍然會有成分或香料殘留。

必須注意的是，肥皂不耐酸性。與食醋、檸檬、沙拉醬和番茄醬等混合會產生中和反應，導致清潔力下降。也沒辦法清除頑固油垢，所以在使用肥皂清洗前，必須先擦除油汙，或先用清水將汙垢沖洗乾淨。此外，事先放入小蘇打水裡浸泡的話，有助於順利地清除汙垢。

油垢在高溫下比較容易清除，所以可以使用40℃左右的熱水來清洗。而且為了避免有肥皂殘留，建議沖洗時用超細纖維抹布擦洗。

要做的事項

1 先用紙巾、抹布或清水去除油垢。此外，如果先將餐具浸泡在溶有小蘇打粉（不需計量）的熱水中，清除汙垢會更加輕鬆。

2 以肥皂在網狀洗碗布上搓出泡泡後，清洗餐具。

3 將餐具一一沖洗乾淨。使用40℃左右的熱水，去汙效果會更佳。

粉狀或液態的肥皂可裝入蜂蜜罐中，使用上會更方便。

推薦的打掃時機

飯後立即清理

髒掉的餐具如果放著不管，不僅容易滋生細菌，髒汙還會附著在洗碗槽上。可以的話，請盡快清洗乾淨。

作業Check!

- ☐ 餐具的背面也沒有殘留髒汙
- ☐ 洗碗槽周圍都有確實擦乾。
- ☐ 網狀洗碗布洗乾淨、晾乾。

清潔用具

- 肥皂（液態、粉狀、固態）
- 網狀洗碗布
- 小蘇打粉
- 廚房紙巾、一次性抹布

要清除哪些髒汙？

油垢、食品髒汙

藉由肥皂的界面活性作用，將汙垢清理得乾乾淨淨。此外，小蘇打水也能有效清除油垢，只要先進行浸泡，就能夠輕鬆去除汙垢。

心中的貓之手②

打掃初學者二三事Point

〈其3〉

好不容易洗好餐具，結果底部卻留有髒汙！

清洗餐具和鍋子等鍋碗瓢盆時，也要翻過來將底部清洗乾淨。
此外，餐具相疊時底部會沾上油汙，所以要避免疊放餐具。

↓

煩躁時就改變想法

代表這個人很率直，不會去猜想背後的意思喵。也可以當作「對方替自己預先沖洗餐具」。

〈其4〉

洗完餐具後的廚房，為什麼到處都是水？

餐具洗好後，要清洗洗碗槽，並將噴濺到流理台和地板的水珠擦拭乾淨。
這樣不僅可以防止水垢的形成，看了心情也會比較好。

↓

煩躁時就改變想法

這是竭盡全力清洗餐具的證據。本人一定也是水潤可人的好男（女）人喵。

PART 3

每週、每月、每季……

挑選出想要定期打掃的地方

只是單純地很在意汙垢，卻一點辦法都沒有……。
本章彙整了不讓髒汙堆積在這些地方的方法！使家裡一年四季都可以保持「乾淨」！

本來還以為自己
不可能每天都打掃，
但其實還是做得到的嘛~
一塵
不染
而且每天都
打掃的話，就算
哪天忙到不行，
沒辦法打掃，
也還來得及補救。
但是…應該還是要
定期打掃吧？
嗚…
既然每天都打掃了，
就不用特地挑一天
定期掃除了吧
（遠望）
這傢伙
是打算逃避吧？
嗯…
那邊的灰塵那麼高，
我清不到~
你身高那麼高、
手那麼長，
只能拜託你了！
害羞
害羞
咦？
是這樣嗎？
不不不，她可
沒說你腿長啊~

那個啊～可以幫我製作濃度1％的小蘇打水嗎？你是理科畢業的，應該很在行吧？
真是的～所以我才說文組不行。
那你順便把那裡擦一擦。
嗯？
這跟理科沒關係吧？
擦拭
擦拭
呵呵
看起來很順利呢！
喵

利用「每日打掃」和「定期打掃」打造不用大掃除的房子

除了每天5分鐘的打掃外，也要同步進行「定期打掃」。

也許有人會認為：「都已經每天打掃了，之後再大掃除就好了吧？」但**如果可以不大掃除就解決的話，那應該會輕鬆很多吧？**此外，在忙碌的年末，就算花費難得的休假，使用大量的清潔劑，也無法輕易地去除累積的汙垢。更何況，比起只有在新年時把房子打掃乾淨，每天都能舒服生活的房子不是更好嗎？

這裡所謂的「定期打掃」和大掃除不一樣。一般對大掃除的印象是一口氣將堆積的汙垢清除乾淨，但**「定期打掃」的目標是避免汙垢累積。**沒錯，就跟「每日打掃」一樣。

汙垢的堆積速度取決於地點和汙垢的種類。利用稍微比較長的時間間隔來清理汙垢，例如「這裡每週1次」、「這裡每月1次」、「這裡每季1次就好」，就可以有效保持「乾淨」。

因此，每個家庭打掃的頻率應該也會不同。例如在本書列為「每月打掃」的項目，有些家庭可能2～3個月清掃1次即可，有些家庭則認為「每週打掃會比較好」。差異就在於是否有做好「每日打掃」以及是否有「設法維持乾淨」。

假設每次都有把汙垢清理乾淨的話，「定期打掃」的頻率就會逐漸降低。舉例來說，冷氣的濾網清理在這裡是列為「每月打掃」的項目（P104），但若是每天都會清掃灰塵的家庭，也許就能稍微拉長清掃的時間間隔。相反地，家裡到處都是灰塵，連廚房的抽風機都沾滿汙垢的話，空氣也會變得很髒。這種情況就必須兩週打掃1次。

如果覺得「自己家裡打掃得不夠乾淨」、「想要還原成乾淨的房間」，可以從「定期打掃」開始著手。只要將家裡的廚房油垢、排水孔、地板等處澈底打掃乾淨，同時進行「每日打掃」，相信家中一定會煥然一新。

無法清除的汙垢利用「週末打掃」恢復原狀

簡單來說都稱為「定期打掃」，不過什麼時候打掃？打掃哪裡？多久打掃一次？每個家庭都不同。本書分成每週、每月、每季3個部分，並向大家建議「哪裡是每週打掃」、「哪裡每月掃1次會比較好」。雖說如此，也有一些地方沒辦法完全列入，因此，請自己定期檢查汙垢，並決定打掃的頻率，例如「這裡就每個月打掃1次吧」。

首先要向大家建議的是**「每週打掃」**的部分。

每週打掃的目的是，完全清除每日5分鐘的打掃總是無法清乾淨的髒汙。也就是說，「每日打掃」都清理得很仔細的人，稍微減少週末打掃的工作量也無妨。舉個例子，假設每天都將爐子周圍清理到一點髒汙都沒有，那就不用再特地進行P90的油垢清理。

另一方面，如果忙到沒辦法每天都打掃的話，週末花在恢復整潔的時間可能會拉長。也有很多人會因為堆積的汙垢很難清理，覺得「還是每天確實地打掃會比較好」。

或許先制定好星期幾和時間段，例如「每週六上午」，全家人做好要一起收拾的準備會比較好。讓平時無法打掃的丈夫，以及忙於社團活動和讀書的孩子們也可以一起參與「週末打掃」。再加上**利用小蘇打粉和過碳酸鈉來打掃，也涉及了化學實驗的部分，所以深受男性和孩子的喜愛。**而且也可以趁機教會孩子掃除方法，除此之外，還有可能因此發現另一半與自己的做法差異，並成為夫妻相互妥協的機會。

分工 POINT

- 決定時間，例如「週六上午」，分工打掃。
- 一起清理重物或高處。
- 如果「每日打掃」能清理乾淨，就能減少每週打掃的工作！

清除高處的灰塵

原因 清除家裡的灰塵。
重點要放在那些難以碰到的灰塵！

即使每天都用除塵器具清掃過一遍，仍然會有繁忙的早晨來不及清理的地方。例如高處、暗處或家具間的縫隙。

這些地方只要在週末統一打掃即可。推薦使用握柄可以自由伸縮的除塵撢，如果還是碰不到，就踩著凳子擦拭吧！

除了客廳和臥室外，也不要忘了清除廚房高處的灰塵。排風罩的外側不僅很容易堆積灰塵，還常常會沾附油垢，不定期清理的話，就會附著在上面。

如果客廳的灰塵黏黏的，很有可能是因為排風扇濾網太髒的緣故。畢竟廚房內沒有清理乾淨的油汙粒子和溼氣會飄到客廳，其中高處的灰塵受到的影響最為顯著。建議用超細纖維抹布擦拭乾淨，同時也要記得清理排風扇（P112）。

要做的事項

1 準備長柄的除塵撢，並打開窗戶。

2 擦拭燈罩、冷氣、窗簾軌道以及櫃子的上方。

3 如果有灰塵黏在上面清不掉，可先將小蘇打水或酒精噴在超細纖維抹布上後擦拭。

4 也要順便檢查「狹窄處」、「陰暗處」等，平常都會漏擦的地方。

作業Check!

- ☐ 高處沒有沾黏灰塵。
- ☐ 拆除髒掉的除塵布，將除塵撢放回原處。

清潔用具

- **除塵撢（長握柄）**
- **超細纖維抹布**

要清除哪些髒汙？

灰塵、塵埃

高處的灰塵容易受到空氣中的油汙影響。如果放任灰塵與油汙混合的話，就會形成頑固汙垢，因此，每週要清掃1次。

推薦的打掃時機

使用吸塵器之前

因為灰塵會在空氣中飛揚，建議先用除塵器具清理高處後再吸地板的灰塵。

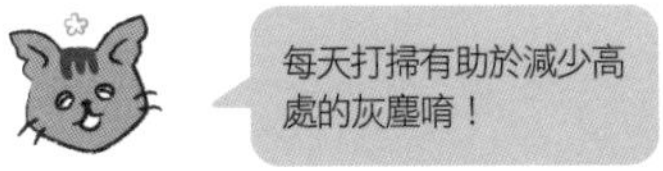

以吸塵器清理家裡的地板

原因 吸除每天用除塵器具無法清理乾淨的灰塵，以及房間角落的垃圾。

我在「每日打掃」單元曾直接了當地表示「打掃四方形的房間時可以忽略邊角」，但在週末打掃時，我希望大家可以連房間的四角都仔細清理。家裡的髒汙主要是由灰塵構成，所以關鍵在於減少灰塵的總量。建議每週都要「消滅灰塵」1次。

推薦使用吸塵器來進行這項作業，利用超強吸力清除除塵器具無法清理乾淨的灰塵和塵埃。如果家裡使用的是掃地機器人，也要將物品挪開，打掃平時掃地機器人難以進入的地方。

灰塵會往下掉落，所以在利用吸塵器清理前，必須先清理燈具、家具及窗簾軌道上等的灰塵。同理，在階梯上使用吸塵器時，從上往下移動，除塵效果更佳。在走廊上吸地板時，要確認踢腳板（離牆底約幾公分處的小台階）上是否有灰塵。這裡也是很容易積灰塵的地方，順便用除塵器具擦一下會比較好。

要做的事項

1 將客廳等地板上的物品收起來。

2 以吸塵器清理家裡所有地板。

3 不要忘了樓梯、走廊、盥洗室和廁所等。

清潔用具

吸塵器

要清除哪些髒汙？

灰塵、塵埃

食物殘渣和頭髮等固體物質無法用除塵器具清除。就連隱藏在房間角落的灰塵也用吸塵器一掃而光吧！

作業 Check!

- ☐ 家具下方和房間角落沒有殘留任何灰塵。
- ☐ 清掃時移動的物品有擺回原本的地方。
- ☐ 吸塵器有放回原處。

推薦的打掃時機

在清掃完高處後

去除燈具和家具的灰塵後，趁灰塵掉落到地上時打開吸塵器。

清除高處的灰塵後以吸塵器清理地板，除塵效果倍增！

稍微有點軟化的油垢

原因

如果很難每天打掃的話，就在週末一起打掃。
每週必須打掃1次，以避免形成黏膩的汙垢。

照理說平常應該會有沒辦法打掃爐子周邊，導致油垢堆積的時候。因此，週末時要確認爐子的周邊，如果牆壁和爐子摸起來黏黏的，就鋪上小蘇打膜，使之重拾原本一塵不染的模樣。假設已經好幾個月沒有清理爐子周邊，可以試試看左頁介紹的方法。此外，小蘇打膜也適用於清理ＩＨ電磁爐。

如果爐架或爐子的零件因為油汙摸起來黏黏的，可用過碳酸鈉高溫煮洗。在大尺寸的平底鍋中放入零件與2ℓ左右的水以及1大匙的過碳酸鈉後開火。過碳酸鈉必須在常溫狀態時加入，若是等到水沸騰再倒入，水會因此溢出來。水煮沸時關火（使用高溫清除油垢，效果會更顯著），待放涼後，再將零件拿出來搓洗。遇到洗不掉的汙垢，可試著撒上一點小蘇打粉搓一搓。

家中若是沒有可以放入爐架的平底鍋，可利用清洗排風扇的訣竅（P112），放入堵住排水孔的洗碗槽中浸泡。

要做的事項

1 在碗中製作濃度1%的小蘇打水，將一次性的抹布放入小蘇打水中泡溼並擰乾後擦拭油垢。

2 如果汙垢黏在上面清不掉，可拿廚房紙巾泡小蘇打水後鋪在髒汙處。

3 大概5分鐘後撕掉，用撕下來的廚房紙巾擦除汙垢。

擦拭牆壁時，髒水會往下流，所以要從上往下擦。

推薦的打掃時機

烹煮後

溫度愈高，油汙的去除效果就愈好。趁爐子和爐子周圍的牆壁還溫暖時進行，效果會更顯著。

清潔用具

- **小蘇打粉**
- **廚房紙巾（厚款）**
- **一次性的抹布或紙巾**

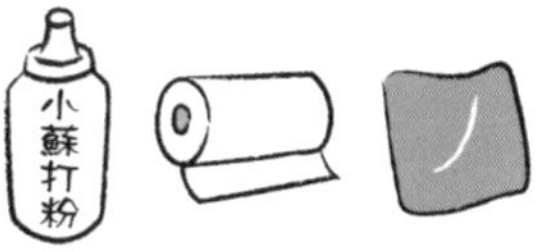

作業Check!

- ☐ 牆壁沒有油垢的痕跡。
- ☐ 爐子周圍的牆壁摸起來不會黏黏的。
- ☐ 廚房紙巾和一次性抹布有確實丟掉。

要清除哪些髒汙？

油垢

油垢堆積一週後會變得很難清理。如果用小蘇打水擦拭依然無法去除的話，最好的辦法是利用小蘇打膜，待汙垢軟化後再擦除。

以酒精消除冰箱和垃圾桶的細菌

原因 食物汙垢是造成難聞氣味的原因。

廚房是處理食物的地方，理當要秉持著清潔第一的原則……但有時還是會散發出難聞氣味。造成這些味道的犯人其實是垃圾桶、排水孔，以及冰箱。大家都說「撒上小蘇打粉就能除臭」，但這只是治標不治本。

產生臭味的原因幾乎都在於腐壞的食物。也就是說，之所以會有臭味，是因為廚房的某處有腐爛的食物。要消除氣味，就必須去除產生氣味的汙垢。因此，每週要檢查1次冰箱，扔掉腐壞的食物，並用酒精擦拭調味料的汙漬等。垃圾桶也要趁還沒丟垃圾時，用酒精擦拭。

同時，預防異味也很重要。例如，煮飯產生的垃圾在扔掉時要盡可能避免碰到水；冰箱的調味料等溢出時，要馬上擦拭乾淨；冰箱蔬果室底部應該要鋪一張大尺寸的紙，以便在沾到泥土或蔬菜屑時可以隨時替換（泥土中有細菌）等，請利用各種方式來保持廚房的整潔！

要做的事項

1 在冰箱外側噴灑酒精後以超細纖維抹布擦拭。

2 丟掉冰箱裡不要的物品後，在髒掉的地方噴灑酒精並擦拭乾淨。

3 遇到凝固的汙垢時，先將廚房紙巾以清水沾溼，鋪在汙垢上10分鐘後，再噴酒精擦除。

4 垃圾桶內、外也要噴上酒精後擦乾淨。

廚餘的水分是打掃的大敵！要設法減少水分，例如用紙包住等。

推薦的打掃時機

丟完垃圾後

每週1次的可燃垃圾日※就是最佳的清理時機。丟掉冰箱不要的物品，倒完垃圾後就開始打掃。

清潔用具

- **酒精噴霧（P47）**
- **超細纖維抹布**
- **廚房紙巾**

作業Check!

☐ 沒有肉眼可見的汙垢。

☐ 沒有散發出臭味。

☐ 超細纖維抹布沖洗乾淨後放入洗衣籃。

要清除哪些髒汙？

食物汙垢、黴菌、細菌

食物殘渣隨著時間氧化或腐壞後，會產生出難聞的氣味。其中，腐壞的食物會因為黴菌和細菌的滋生，而散發出異味。

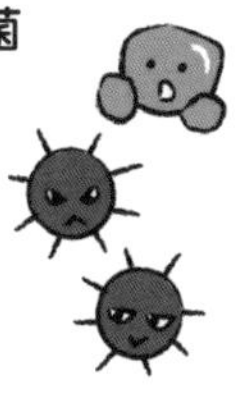

※ 日本會區分垃圾的類型，例如可燃垃圾、不可燃垃圾，並分別規定該種垃圾的丟棄時間。

利用就寢期間清理排水孔

原因 排水孔是黴菌和細菌滋生的地方。
每週除菌1次，就連裝在上面的零件都很難沾染髒汙。

就如同我在「每日打掃」的單元所說的，「洗碗槽和排水孔的垃圾，就跟餐具一樣，每天都要清洗」，但排水孔的內壁與下方水窪處，其實也會滋生細菌和黴菌並散發出異味。

每週1次，將熱水注入排水孔中，利用過碳酸鈉來進行除菌。因為廚房的排水孔沒有可以堵住水流的工具，可以使用矽膠杯蓋（馬克杯用的杯蓋）來替代。將杯蓋放在排水孔上後注入熱水，水壓會使蓋子緊貼排水孔，如此就能堵住熱水，幫助過碳酸鈉徹底消除裡面的細菌。

只要這樣放置一晚，早上再將髒水排出，排水孔內側就會乾淨到閃閃發光，完全不需要另外搓洗。而且還可以順便清理管道，有助於預防水管堵塞。

要做的事項

1 將排水孔的零件拆除，並用矽膠杯蓋將排水孔蓋住。

2 倒入熱水至稍微淹過排水孔。

3 倒入1～2小匙的過碳酸鈉，將零件放回原處後放置一晚。

4 隔天，拿起矽膠杯蓋，將水排出。

清潔用具

- **矽膠杯蓋**
- **過碳酸鈉**

過碳酸鈉

作業Check!

- ☐ 排水孔內側沒有殘留汙垢。
- ☐ 水封（存水彎）裡的水清澈乾淨。
- ☐ 零件也清洗得很乾淨。

要清除哪些髒汙？

食物汙垢、油垢、黴菌、細菌

排水孔黏有食物汙垢和油垢，所以很容易就會滋生細菌和黴菌。過碳酸鈉除了可以去除酸性汙垢，還有除菌的效果。

每週進行1次，也有助於預防水管堵塞喵！

推薦的打掃時機

睡覺前

因為要泡到水溫冷卻，選在睡覺前會比較適合。起床後，會發現連零件都乾淨到閃閃發亮。清洗完畢後暫時先不要開水。

讓廁所內側閃閃發光

原因

每天打掃的同時，也要每週清一次馬桶內側，只要保持乾淨，就不需要大掃除。

每天打掃5分鐘的同時，也要在週末清一下馬桶內側。雖說是清理馬桶，我在清理馬桶內側時，並不會使用馬桶刷。一來是因為我認為馬桶刷沒辦法清到馬桶的每個角落，二來是即使用那個充滿細菌的刷子來清理，馬桶也不會變乾淨。

馬桶的內側只要用一次性抹布來擦拭即可。如果有難以去除的汙垢，就用科技海綿來刷洗。

馬桶裡的水很容易滋生細菌，並形成一圈黑色的汙漬。若要預防這種情況，最好的方式是利用過碳酸鈉膜。

廁所的氨氣臭味則用檸檬酸來解決。聞到難聞的氣味時，就用檸檬酸水擦拭牆壁和地板。在發現洗手台和水龍頭上有水垢時，也是拿出檸檬酸水，噴在抹布上擦拭。擦完後，必須以清水擦拭第2次，以確保沒有殘留檸檬酸。不過，強酸會導致水槽生鏽，所以請不要太常用檸檬酸來清理。只要每天打掃時都有將水氣擦乾，就不會形成水垢。

要做的事項

1 用一次性抹布擦拭馬桶內側。難以清除的汙垢則用剪小塊科技海綿來處理。

2 在馬桶水裡倒入1大匙的過碳酸鈉，並在水位線以上的地方覆蓋廁所衛生紙，過幾個小時後再沖掉。

3 散發出氨氣臭味時，在天花板、牆壁、地板和馬桶周圍全噴上檸檬酸後擦乾。

4 在水箱上的洗手台噴上檸檬酸後，以抹布擦拭乾淨。

清潔用具

・❶一次性抹布、科技海綿
・❷檸檬酸水（P48）
・❸過碳酸鈉

作業Check!

- ☐ 馬桶的邊緣內側沒有髒汙。
- ☐ 廁所沒有散發出異味。
- ☐ 整理清潔劑等，並將一次性抹布丟掉。
- ☐ 馬桶水的部分沒有黑色汙漬。

要清除哪些髒汙？

❷氨氣臭味　❸細菌等

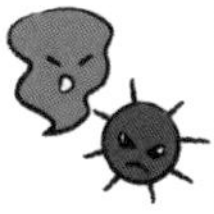

尿漬會隨著時間的流逝散發出氨氣臭味，這時就要靠檸檬酸來解決這種汙漬。細菌則是用過碳酸鈉來消滅。

※號碼與清潔用具的編號對應，例如檸檬酸對應氨氣臭。

推薦的打掃時機

❸要在長時間外出，不會用到馬桶的時候清理

因為旅行等，家裡好幾天沒有人使用時，馬桶往往都會形成一圈黑色汙漬。但只要先舖上過碳酸鈉膜，就能夠放心出門。

只要用過碳酸鈉除菌，就不會形成黑色汙漬，讓人感到神清氣爽～

清除玄關的沙塵

原因

玄關是房子的顏面。
這裡乾乾淨淨的，房子給人的第一印象才會好，
而且對家人來說，看了心情也會比較愉悅。

我認為，如果要讓家中充斥著清爽乾淨的空氣，關鍵就在於玄關的清潔。藉由空氣毫無阻礙地流動，使汙垢難以堆積在家裡。

或許有些人會認為「玄關用掃把掃一掃就好」，但如此就會導致沙塵飛揚，進而有可能在室內造成髒汙。因此，建議用集塵袋吸塵器來清理。只要準備一個玄關專用的毛吸頭，就無需再擔心髒汙汙染環境。如果是要買新的吸頭，建議購買附有刷毛的類型，可在五金行或百元商店購得。

用吸塵器吸完灰塵後，再用一次性抹布沾水擦拭乾淨。擦門的時候不要忘了也要連同外側一起清理。下雨天玄關可能會沾染泥濘，這時可以噴少量的水，用刷子或海綿刷洗乾淨。

平時就要注意鞋子不要丟在玄關，要經常收拾、歸位。如果隨便丟著不管，清理上就會比較麻煩。

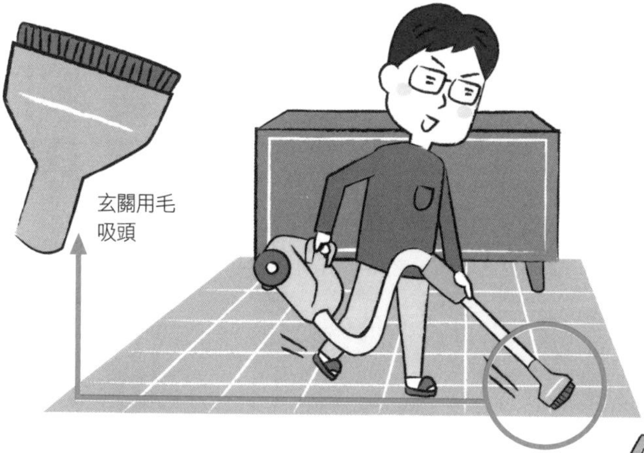

要做的事項

1 將集塵式吸塵器裝上玄關專用的毛吸頭後，吸除整個玄關的灰塵。

2 將一次性抹布沾溼、擰乾後，擦拭門的把手、門、架子、玄關平台等，最後再將整個水泥地擦一遍。

3 如果把手沾有皮脂汙垢，可先用酒精噴一噴後再擦拭。

作業Check!

- ☐ 玄關的鞋子收拾乾淨。
- ☐ 水泥地的四個角落沒有堆積沙塵。
- ☐ 用完的一次性抹布確實丟棄，吸塵器換回一般吸頭後放回原處。

清潔用具

- **集塵式吸塵器**
- **玄關用毛吸頭**
- **一次性抹布**
- **酒精噴霧（P47）**

要清除哪些髒汙？

沙子、灰塵、塵埃

清理這些汙垢不需要清潔劑，用吸塵器吸乾淨即可。但渦輪式吸塵器在清洗上很麻煩，建議用集塵式的會比較好。

推薦的打掃時機

早上

早上是清理灰塵、塵埃的最佳時段。也可以等家人出門，玄關清空後再清掃。

玄關如果排滿鞋子會很難清掃，所以打掃前要先放回鞋櫃！

利用「每月打掃」清理容易堆積髒汙的地方

在每日打掃中，哪裡是最常忽略而且還很容易堆積髒汙的地方呢？例如擦拭客廳、清理電器或確認排水孔等。請每個月檢查1次這些地方，將汙垢清理乾淨。本單元將介紹其中的4個地方，但如果家裡有哪些地方，讓各位覺得「應該要每個月定期打掃1次」，也可以列入每月打掃的清單中。

建議先決定每個月要清掃哪裡，並配合每週打掃日，我覺得這樣會比較有效率。舉例來說，擦拭客廳等，可以在每週用吸塵器清理完整個房子地板後進行。

不過，一次做完所有的項目會讓人感到很疲憊，所以可以試著分週進行，例如「這週已經做了擦拭清理，那下週末再來清掃冷氣」。或者是規定「每個月第1個禮拜六要做完全部的每月打掃工作」，全家總動員一起完成，也會覺得很有成就感。

畢竟每月才進行1次，很容易會忘記。因此，可以記在全家人都會看見的日曆上，或是共享行事曆APP等，避免出現「咦？那我那天要去打高爾夫耶！」的情況。尤其是孩子上高中後，時間上會愈來愈難安排，所以更要在事前先預約好時間。如果可以熟練地使用行事曆APP，相信除了打掃外也可以在其他方面派上用場。

解決POINT

- 記在行事曆後並共享給全家人。
- 如果家裡很乾淨，即使不每個月打掃也沒關係。
- 每個月也要檢查1次清掃工具上的髒汙情況，並補足缺少的部分。

擦拭客廳和走廊

原因　一口氣擦掉附著在地板上的皮脂汙垢。定期打掃會比較有效率。

地板的汙垢會附著在腳掌或拖鞋鞋底上，在家中移動。因此，每天都必須擦拭廚房和餐廳的地板，儘管如此，還是希望大家每個月至少要擦拭1次家裡所有的地板。

擦拭所需要的工具有超細纖維抹布和小蘇打水。首先，準備10條以上的抹布，接著在洗臉台裝入40℃的熱水，放入小蘇打粉使之溶化，並將所有的抹布浸泡在小蘇打水後擰乾。

擦拭作業最好是從房間最深處開始，如此一來，在清理時就不會踩到已經擦拭好的部分。此外，擦拭的方向要從慣用手那側到另一側，這樣比較不費力，例如，右撇子就從右向左擦拭。過程中，抹布有點髒時，就換一條新的，從頭到尾都要使用乾淨的抹布來擦拭地板。擦拭完畢後，將所有的抹布放入一開始調製的小蘇打水裡沖洗，並放入洗衣機中，用清潔劑洗乾淨並晾乾。因為從頭到尾完全不用停下來洗抹布，所以很快就能完成。此外，用洗衣機來清洗的話，不僅容易洗掉髒汙，乾燥的速度也比較快，有助於維持抹布的乾淨，讓抹布可以反覆多次使用。

要做的事項

1 準備濃度1%的小蘇打水和10條以上的超細纖維抹布。

2 將所有的抹布浸泡在小蘇打水中並擰乾，從房間的最深處開始擦拭。

3 抹布髒掉時就換新的，不用一一清洗。

4 擦拭完成後，將抹布放入步驟1的小蘇打水中沖洗，接著用洗衣機清洗乾淨並晾乾。

清潔用具

- **小蘇打水**（P45）
- **超細纖維抹布**

要清除哪些髒汙？

油垢

地板上的汙垢，基本上是由腳掌分泌的皮脂汙垢、廚房流出的油垢所組成。小蘇打水難以清理的結塊油垢，要噴灑酒精後再擦拭。

推薦的打掃時機

吸塵器吸完灰塵後

灰塵或毛髮沾黏在超細纖維抹布上時會很難清理，所以在進行前要先清除家裡的灰塵。

作業Check!

- ☐ 室內地板踩起來很乾爽。
- ☐ 抹布全部都有洗乾淨並晾乾。

如果有泡過小蘇打水的抹布沒用到，就拿來擦牆壁或櫃子吧！

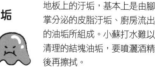

清理冷氣的濾網

原因
冷氣促使空氣循環的同時，也會聚集家裡的汙垢。清理冷氣濾網，有助於保持空氣的清新。

冷氣是使室內空氣循環的機器，所以請將濾網的髒汙程度視為房間空氣的混濁程度。以前我曾詢問家電行「濾網要多久清洗1次」，結果得到的答案是「兩週洗1次」。我很訝異這個頻率，比想像中還要來得頻繁，但應該是因為每個家庭的使用習慣都不同的關係。相信各位一定每天早上都會清掃灰塵，而且每逢週末都會用吸塵器吸灰塵，所以每個月清1次濾網就差不多了。而且定期清掃濾網，也許可以當作得知家中空情混濁情況的訊息也說不定。

清掃冷氣時，只能擦拭外側的灰塵和油垢，以及清理濾網。拆下來的濾網如果沾有油汙，就用肥皂來清洗。但殘留的肥皂成分會導致發霉，所以要澈底沖洗乾淨並在完全曬乾後用酒精噴霧來消滅細菌，

若是想清理冷氣內部，建議直接交給專業人士來處理會比較好。

要做的事項

1 擦除冷氣上方及周圍的灰塵。

2 拆下濾網，用吸塵器將灰塵吸乾淨。

3 如果出現像是油汙的汙垢，要先以清水沖一沖，再用肥皂搓出泡泡，接著以刷子刷一刷後沖洗乾淨。

4 曬乾後用酒精噴霧噴一噴，並再次晾乾。

5 將酒精噴在抹布上，擦拭冷氣機的外側和蓋子的內側。

清潔用具

- 吸塵器
- 肥皂
- 刷子
- 酒精噴霧（P47）
- 超細纖維抹布

作業Check!

- ☐ 濾網裝回冷氣裡。
- ☐ 刷子清洗乾淨、晾乾，並放回原處。
- ☐ 超細纖維抹布沖洗乾淨並放進洗衣籃中。
- ☐ 冷氣運轉良好。

要清除哪些髒汙？

灰塵、塵埃、油垢、黴菌

冷氣會聚集空氣中的各種髒汙。清掃時，要利用具有除菌效果且揮發性高的酒精來處理。

清理濾網後，冷氣的運轉效果也會更好！

推薦的打掃時機

天氣好的日子

洗好的濾網如果沒有澈底曬乾，有可能會發霉或導致故障。所以要在大太陽下曬乾後再裝回去。

解決排水管的堵塞

原因

小蘇打粉和檸檬酸的發泡反應可以沖洗掉看不見的水管堵塞。

先前在「每週打掃」的項目中，曾建議要清理排水孔內側，但在排水孔的下方，也就是更深處的地方還有連接下水道的水管。水管中容易因為油垢和頭髮等汙垢而堵塞，導致水流不順暢。所以在感到水流速度減緩時，請在情況惡化前，先改善水管堵塞的問題。

清理水管時，使用的清潔劑為小蘇打粉和檸檬酸，主要是要利用這兩者在結合時所產生的發泡反應。只要在水管的入口處撒上小蘇打粉，並倒入溶有檸檬酸的熱水。接著就會像是大力搖晃後的可樂般，不斷湧出泡沫與水。若是讓孩子看到這一幕，他們一定會非常興奮。像這樣藉由大氣泡在細小的管道中膨脹，就能夠清除附著在水管上的汙垢，解決造成堵塞的原因。

不過，如果每週都有清理排水孔內側的話，基本上不會出現水管堵塞的問題。大概只要每個月檢查1次水流是否順暢即可。

要做的事項

1 鍋子中倒入2ℓ的水和兩大匙的檸檬酸後煮沸。

2 將½杯的小蘇打粉撒滿整個排水孔。

3 將步驟**1**一口氣倒入排水孔後，水管會湧出泡沫和水。

4 待不再湧出泡沫後，再用清水沖乾淨。

清潔用具

- **檸檬酸**
- **小蘇打粉**
- **鍋子**

要清除哪些髒汙？

油垢、水管堵塞

有時也會出現不知道是什麼東西堵住的情況。如果清理後沒有改善，可以改用物理手段，即插入水管疏通刷的方式來清除汙垢。

作業Check!

- ☐ 水流順暢。
- ☐ 洗碗槽周圍沒有飛濺出來的水珠。
- ☐ 鍋子和清潔劑有放回原處。

推薦的打掃時機

水流變慢時

並不是說每個月都得清掃水管，而是每個月檢查1次，發現水流不順暢時再來清理。

週末有清理排水孔的話，水管幾乎不會堵塞喵！

清理沾黏在微波爐裡的汙垢

原因

如果放任微波爐或烤箱內的汙垢不管，
繼續使用的話，
汙垢就會燒焦，變得難以清理。

用於烹調的電器，只要髒了就要隨時清理，尤其是裡面容易有溢出的湯汁或是油脂四處飛濺的微波爐和烤箱。趁機器還有熱度時，用一次性的抹布或紙巾等就可以擦除。如果很在意髒汙的話，只要用小蘇打水快速擦一下即可。

如果就這樣放著汙漬不管，繼續用來烹調，之前的髒汙就會因為遇熱而凝結，在機器裡留下焦痕。而且若是繼續反覆加熱，之後就算使用清潔劑，也很難清除汙垢。

在使用微波爐加熱食品時，如果有聞到奇怪的味道，就表示有沾黏汙垢。請用左頁介紹的方法將機器裡的汙垢軟化並擦拭乾淨。

清理時請務必使用以天然素材製成的抹布，因為會暴露於高溫下，不適合使用以化學纖維製成的抹布。

除此之外，烤吐司機、電子鍋、果汁機等電器也要每個月檢查、清潔1次，當然，也可以每天或每週確認情況。

小蘇打粉

要做的事項

1 在碗中調製濃度1%的小蘇打水，將抹布（棉等天然材質）放入沾溼。

2 將步驟1的抹布輕輕摺疊，放入微波爐中以600W加熱1分鐘，並放置5分鐘。

3 趁機器內充滿蒸氣時，用步驟2的抹布將機器內部擦乾淨。

4 附著在機器上面，難以去除的汙垢，用科技海綿去除。

清潔用具

- **小蘇打粉**
- **棉、麻材質的抹布**
- **科技海綿**

小蘇打粉

要清除哪些髒汙？

油垢、燒焦的汙垢

結塊的油垢和燒焦的食物如果放著不管，會變得很難清除，所以要盡快採取措施，例如馬上擦拭乾淨等。

推薦的打掃時機

使用微波爐前

使用微波爐前要先檢查，如果覺得有點髒就要馬上清理。若是放任結塊的汙垢不管，繼續使用的話，就會進一步加劇髒汙的燒焦情況。

作業Check!

- ☐ 沾黏在機器裡面的汙垢都已經去除。
- ☐ 微波爐裡沒有散發出異味。
- ☐ 使用完的抹布用肥皂搓洗，並放入洗衣籃。

小心不要在沾黏汙垢的
情況下加熱。

在適當的季節進行定期打掃

只要反覆進行「每日打掃」、「每週打掃」、「每月打掃」，理所當然地，就能維持家裡的整潔。從結果來說，根本不用進行所謂的「大掃除」。但還是有幾個地方必須每年清掃幾次，我將這項掃除作業稱為「季節打掃」。

所以要什麼時候進行季節打掃呢？年末？不不不！**固定用來大掃除的年末並不是打掃的最佳時機**，畢竟是在平均溫度低，不適合碰水的季節。而且**本來應該在打掃時清除的油垢，會因為遇到低溫而凝固，導致難易清理。**打掃工具等也是，要在溫暖的季節使用才比較容易晾乾。如果要進行定期的季節打掃，比起年末，我更推薦**4月底5月初的黃金週連假**（編註：台灣的話，可以選在清明連假或端午連假）。這時候不僅氣溫高，天氣大多也都很好，擦拭陽台和窗戶不會很痛苦。再加上，**只要在這個時期清除汙垢，就能防止黴菌和細菌在梅雨季節繁殖。**

本書介紹了9個列入「季節打掃」的地方，除此之外，每個家庭應該也有自己覺得「應該要每年清掃1～2次的地方」。最重要的是，要將準備清掃的地方整理成表單，與家人共享。並制定好清掃時間，例如「黃金週掃這裡」、「暑假掃這裡」、「年末大掃除只要掃這裡就好」，如此一來，就能在家人間營造出打掃的氛圍。

分工POINT

- 試著找出每年打掃1～2次即可的大掃除地點。
- 與家人共享在意的地方。
- 果斷地委託他人處理那些自己難以清掃乾淨的地方。

浸泡、清洗排風扇

原因　廚房的排風扇沾滿髒汙時，油汙也會飄往客廳和走廊

廚房的排風扇應該要2、3個月清理1次。有很多人都認為「只要在一年一度的大掃除清理排風扇就好！」，但放著堆積整整1年的汙垢會變得非常難清理。因此，請盡量每季都打掃1次。

清理時，最簡單的方式是用熱水和清潔劑來浸泡、清洗。要清除頑固油垢的關鍵在於熱水的溫度。首先是堵住洗碗槽的排水孔，倒入熱水器最高溫的熱水。要用哪種清潔劑取決於多久沒有打掃。如果是擱置半年到1年沒有清洗的排風扇，最好是如左頁介紹的一樣，使用過碳酸鈉來浸泡，但若是每隔2、3個月就會清理1次，只要用小蘇打粉來浸泡即可。我每隔兩個月就會清掃1次，所以光是用小蘇打水擦拭外罩，並將多翼式送風機放進洗碗機清洗，就能輕鬆清理乾淨。完全不需要工程浩大地浸泡各個零件。

此外，鋁製風扇可能會因為鹼性清潔劑而變色，必須多加留意。

要做的事項

1 用塑膠袋之類的東西將排水孔堵住，倒入熱水器最高溫的熱水。

2 加入2～3大匙的過碳酸鈉，使之溶解。將拆下的濾網和多葉片風扇等放入浸泡。

3 浸泡至水溫冷卻後打開水槽塞，將水排出。以肥皂和刷子刷洗軟化的汙垢。

4 待完全晾乾後裝回原本的位置。

清潔用具

- **過碳酸鈉**
- **肥皂**
- **刷子**

要清除哪些髒汙？

油垢

排風扇的作用是往室外排出含有油脂的空氣。如果排風扇排氣不順的話，混有油汙的空氣就會流往客廳，所以要多加留意。

作業Check!

- ☐ 多翼式送風機上的細微髒汙已經確實用刷子刷乾淨。
- ☐ 濾網和多翼式送風機裝回原處。
- ☐ 抽油煙機內、外的油垢也已一併擦除。

推薦的打掃時機

兩個月1次

擱置的時間愈長，附著的油汙就愈多。每隔兩個月清理1次的話，即使只用小蘇打也能清除乾淨。

爐子的爐架等也要順便一起浸泡。

消滅洗衣槽的汙垢

原因 洗衣機上有髒汙時，不僅會發霉，還會導致衣物散發出半乾的異味

洗衣機每天都盡責地幫我們將衣服清洗乾淨……前提是，如果洗衣機乾淨的話。

洗衣機的環境既潮溼又容易沾附灰塵和清潔劑，所以很常會滋生黴菌和細菌。如果洗衣機裡充滿黴菌，那就等於是在用髒水洗衣服。除了無法去除衣物上的汙垢，還可能會因此散發出半乾的異味。

以兩個月清理1次為標準，按照左頁介紹的打掃要點來清掃洗衣機。要讓汙垢完全現形的話，最佳的水溫為60℃。如果洗衣機的水龍頭沒有提供熱水，請從洗臉台等地方搬運熱水（小心不要燙傷了！）。除此之外，也順便將洗衣機的機身擦拭乾淨吧！將超細纖維抹布沾溼、擰乾後，一一擦除灰塵和清潔劑的汙垢。只要澈底清掃過一次，之後只要在洗衣服時，用「準備拿去洗的毛巾」將洗衣蓋內、外和洗衣槽內部都擦一擦即可。洗完衣服後，要拆下濾網清除裡面的垃圾，並打開蓋子晾乾，以避免發霉。

要做的事項
（直立式洗衣機）

1 在洗衣機中裝滿熱水（50～60° C），加入兩杯過碳酸鈉。

2 讓洗衣機旋轉1～2分鐘後，髒汙就會浮出來，這時要用濾網等工具撈出汙垢。反覆重複這個步驟，直到不再浮出汙垢為止。

3 關掉洗衣機的電源，放置5個小時左右。在柔軟劑盒中放入兩小匙的檸檬酸，啟動全自動行程。

4 如果還有汙垢沒有清乾淨，請重複步驟**1～3**。

清潔用具

・**過碳酸鈉**
・**檸檬酸**

作業Check!

☐ 洗衣槽內和棉絮過濾網沒有殘留髒汙。

☐ 洗衣機內側的灰塵、殘留清潔劑和水珠等都有擦拭乾淨。

最理想的情況是，反覆進行數次清洗的動作後，浮出的不再是黑色黴菌，而且白色狀的油汙。

要清除哪些髒汙？

肥皂渣、黴菌、細菌

黴菌和細菌會以殘留在洗衣槽的肥皂渣等作為繁殖的食物，因此，請務必仔細地清理洗衣槽。

推薦的打掃時機

兩個月1次

黴菌會在溫暖的季節繁殖，所以冬天2、3個月清理1次即可，但夏天最好每個月都清1次洗衣槽。

一口氣消滅浴缸、小物品的細菌

原因

鍋爐內部看不見的地方充滿細菌。
使用循環加熱的功能，輕鬆消滅細菌。

有循環加熱功能的浴缸，就一定裝有鍋爐。循環加熱是指，將浴缸內的熱水回流至鍋爐中再次加熱的過程。

各位是否會清理鍋爐呢？都沒有打掃過嗎？那就比較麻煩了，可能現在浴缸裡的熱水中都是細菌也說不定。尤其容易滋生細菌的情況是，「浴缸內的熱水就這樣放涼」、「家裡人多，反覆加熱好幾次」。在熱水的溫度在低於30℃時，就會開始滋生細菌，想當然爾，細菌也會同時入侵鍋爐。不過，其實只要透過循環加熱的功能，讓過碳酸鈉在鍋爐中循環，就能輕鬆清理鍋爐並消滅細菌，請各位務必試試看。之所以要在排放後再次蓄水並循環加熱，是為了沖洗鍋爐的內部。同時也可以順便替浴室裡的小物品進行除菌。最後用檸檬酸清洗的話，就能去除酸性和鹼性汙垢，讓浴缸閃閃發亮。

要做的事項

1 浴缸裝滿超過循環口的水，放入小物品和兩杯的過碳酸鈉。

2 打開循環加熱的按鈕，提高水溫並放置2～3個小時。

3 將步驟**2**加熱後，將水排乾淨，再次蓄水並加熱。

4 水排乾淨後，取出小物品並包覆檸檬酸膜（P118）。

作業Check!

- ☐ 浴缸的熱水都已經排乾淨了。
- ☐ 浴室的小物品在拆除檸檬酸膜後刷洗乾淨，並用乾燥的超細纖維抹布擦乾。

清潔用具

- **過碳酸鈉**
- **檸檬酸水**（P48）
- **廚房紙巾**
- **超細纖維抹布**

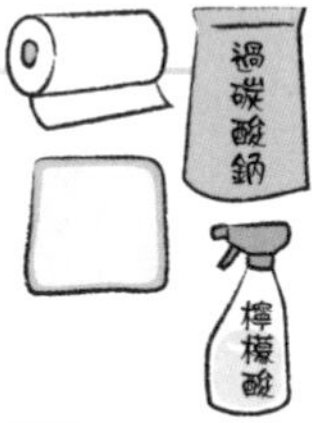
過碳酸鈉
檸檬酸

要清除哪些髒汙？

油垢（皮脂）、黴菌、細菌

身體分泌出的汗水、皮脂和角質，會汙染浴缸裡的熱水，而且還會成為滋生黴菌和細菌的糧食。因此，要用具有除菌能力的過碳酸鈉來清理。

推薦的打掃時機

兩個月1次

夏天時可以增加清理的次數。關鍵在於預防，所以不要把熱水留在浴缸中。

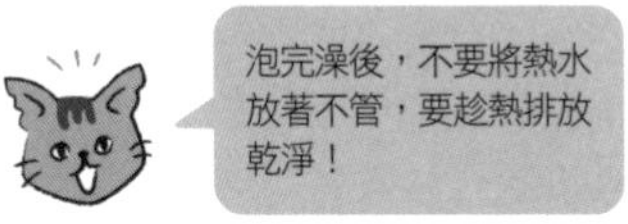
泡完澡後，不要將熱水放著不管，要趁熱排放乾淨！

水垢上包覆檸檬酸膜

原因

水龍頭和浴室鏡子看起來霧霧的，是因為自來水中的礦物質。這種汙垢只有檸檬酸能夠去除。

天然清潔劑中，最具代表性的就是檸檬酸，但畢竟鹼性汙垢並不多，所以檸檬酸其實不太常在打掃中派上用場。

儘管如此，在水會到處飛濺的地方，還是會慢慢地形成水垢。舉凡自來水的水龍頭、浴室的小物品、鏡子與蓮蓬頭等，要清掃這些地方就不能少了檸檬酸。浴室的小物品在清理鍋爐時也有一起去汙（P116），但除此之外，最好每隔1、2個月就用檸檬酸清洗1次。只要在噴灑檸檬酸水後，用超細纖維抹布搓洗即可。不過，檸檬酸如果不慎殘留可能會導致生鏽，所以要確實地沖洗乾淨。

如果遇到即使如此仍然無法清除的頑固水垢，請試試左頁介紹的檸檬酸膜。假如還是不行，可用科技海綿搓看看，若是依然沒有效果的話，再用包裹水垢專用砂紙的刮刀刮刮看。不過，請不要拿科技海綿和砂紙來清理有經過防霧等特殊處理的鏡子。最好的方式是，透過每天的擦拭來預防水垢的形成。

要做的事項

1 在噴灑檸檬酸的地方，覆蓋一層廚房紙巾。

2 覆蓋好後再噴灑一次檸檬酸，並等待5分鐘。

3 去除紙巾，以網狀洗碗布擦洗後，用蓮蓬頭沖洗乾淨。

4 接著再用乾燥的超細纖維抹布將殘餘的水氣擦乾。

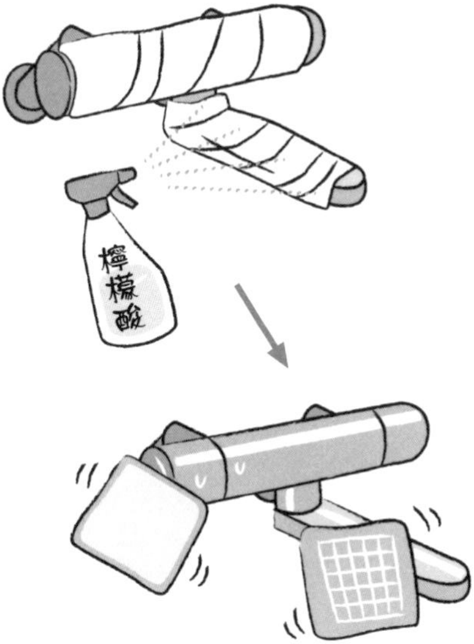
檸檬酸

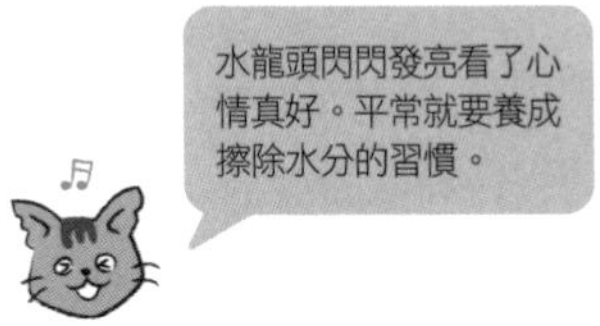
水龍頭閃閃發亮看了心情真好。平常就要養成擦除水分的習慣。

推薦的打掃時機

1～2個月1次

如果每天都有進行浴室和盥洗室的「每日打掃」，1～2月清理1次即可。若是任由水珠四濺，則要每週清理1次。

清潔用具

- **檸檬酸水**（P48）
- **廚房紙巾**
- **網狀洗碗布**
- **超細纖維抹布**

檸檬酸

作業Check!

- ☐ 打掃的地方沒有殘留水珠。
- ☐ 周圍都沒有碰到水。
- ☐ 超細纖維抹布沖洗後放入洗衣籃。

要清除哪些髒汙？

水垢

水垢由自來水中的鈣、鎂成分所組成，無法用鹼性清潔劑或中性清潔劑清除。

將窗戶玻璃擦乾淨

原因

窗戶外側沾滿灰塵、沙子、泥土和廢氣，
內側則都是皮脂汙垢。
時常清理的話，家裡會更加明亮

擦窗戶可以說是大掃除的代名詞，但我並不建議在年末時清掃窗戶。一來是冬天碰水很痛苦，二來是打開窗戶打掃真的很冷。氣溫只要有1℃之差，打掃的難易度就會有明顯的差異。可以的話，盡量每年清理2次，建議選在4、5月的連假和夏天結束之時。此外，颱風季窗戶會特別髒，所以也可以選在颱風季之後清掃。

窗戶外側和內側的汙垢種類並不相同。外側主要是灰塵、沙子和泥土；內側則是除上述以外，還加上手垢等皮脂汙垢。尤其是因為曬衣服經常開開關關的窗戶很容易會沾上手垢，所以在用小蘇打粉擦拭地板（P102）時，要順便連窗戶一起擦乾淨。

紗窗的話，則是每年1次，選在夏天來臨前完成。與清掃窗戶相同，用小蘇打水和超細纖維抹布來擦拭。但如果只擦一面，窗戶會變形，所以要兩手各拿著一塊抹布，從表、裡兩側夾起來進行。建議準備10條以上的抹布，一口氣擦拭乾淨。

要做的事項

1 噴水後，用刮水板刮除汙垢。

2 遇到清水無法清除的油垢時，先將超細纖維抹布浸泡小蘇打水並擰乾，再擦拭乾淨。外側和內側都一樣。

3 窗戶內側的結露部分要噴上酒精，以避免發霉。

溫暖和寒冷的天氣，去汙效果會天差地別！

推薦的打掃時機

每年2次，4、5月的連假和夏末

除此之外，窗戶因為大雨或颱風髒掉時，要用清水清理。夏季時，紗窗也要每個月擦拭1、2次。經常開開關關的窗戶則是要每個月擦1次。

清潔用具

- **刮水板**
- **超細纖維抹布**
- **酒精噴霧（P47）**
- **小蘇打水（P45）**

作業Check!

- ☐ 窗戶沒有浮出白白的小蘇打粉。
- ☐ 沒有殘留擦拭汙垢的痕跡。
- ☐ 超細纖維抹布沖洗後放入洗衣籃。
- ☐ 刮水板等器具放回原處。

要清除哪些髒汙？

灰塵、沙子、泥土、廢氣汙垢、油垢

清理灰塵、沙子和泥土等汙垢不需要用到清潔劑，但是窗戶的髒汙還混有廢氣和油垢，所以當清水洗不掉時要用小蘇打水來清理。

窗框和陽台

原因

清除灰塵、泥沙汙垢，
阻斷髒汙進入家裡的通道。

明亮的光線和清澈的空氣，會讓每天的生活更加愉快。平時將窗戶完全打開時，最讓人在意的是窗溝裡的髒汙。尤其是遇到大雨、強風後，往往都會堆積大量泥沙。這類型的汙垢不需要清潔劑，用清水和刷子來打掃就能清除。清理窗框時，要選用刷頭細長的刷子，並利用細長的刷頭來清除堆積在窗框角落的泥沙。

打掃陽台一樣也不需要清潔劑。打掃方式與清理玄關相同，利用集塵式的吸塵器和玄關用的毛刷頭來吸除灰塵。遇到附著在陽台上的汙垢時，則是用清水和刷子來刷洗。

建議窗簾也要每年清洗1次。確認窗簾材質是否可以放入洗衣機，並確實遵照洗滌說明來清洗，例如指定的水溫等。洗滌完成後脫水1～2分鐘，接著將窗簾裝回窗簾軌道上，直接自然晾乾即可。在天氣晴朗的早上洗一洗的話，到傍晚就會完全曬乾。

要做的事項
（窗框清理）

1. 在2ℓ容量的寶特瓶裡裝滿水後，沖洗窗溝。
2. 以刷子刷除灰塵和泥沙。
3. 再次用2ℓ的水沖洗髒汙。
4. 最後用超細纖維抹布來擦拭。

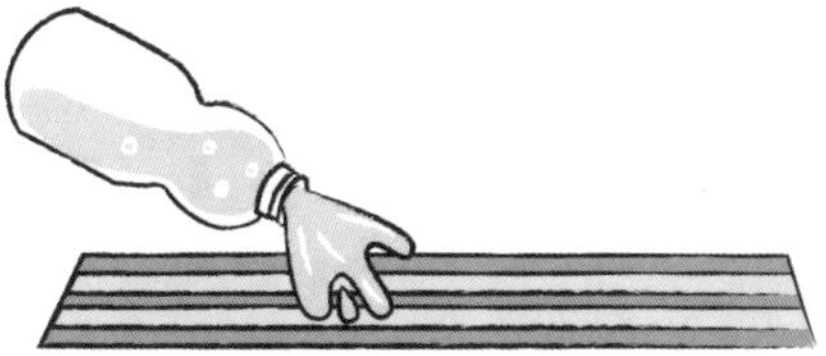

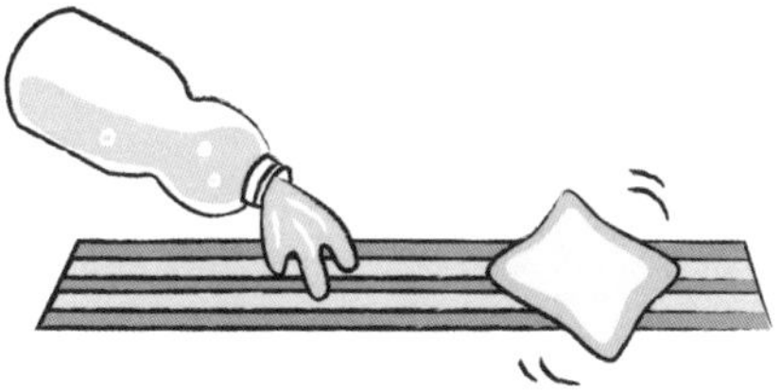

牙刷並不適合用來刷洗窗框，請使用前端突出的細長刷子。

推薦的打掃時機

每年2次　天氣晴朗的日子

室外打掃無法使用熱水，所以最好是在溫暖的季節進行。如果選在天氣晴朗的日子打掃，就連殘留在窗框的水分也會蒸發得一乾二淨。

作業Check!

- ☐ 窗溝沒有沙子等髒汙。
- ☐ 吸塵器換回一般的吸頭並放回原處。
- ☐ 刷子有清洗乾淨並晾乾。
- ☐ 超細纖維抹布沖洗乾淨後放入洗衣籃。

清潔用具

【窗框清掃】
- **寶特瓶**
- **細長刷頭的刷子**
- **超細纖維抹布**

【陽台清掃】
- **集塵式吸塵器**
- **刷子**

要清除哪些髒汙？

泥沙、灰塵

這類型的汙垢不需要清潔劑，最好的方式是用清水沖洗。使用寶特瓶的話，會比較好清理窗溝。

清洗家中所有的通風口

原因 室內通風口也有灰塵和油垢。全部清除乾淨的話，有助於空氣的流通。

除了廚房，浴室、廁所和客廳也都有排風扇。另外，每個房間可能也設有吸入和排出空氣的通風口。

家裡的排風扇和通風口是灰塵經常堆積的地方。當房間傳來沉悶的「呼呼」聲時，可能就是排風扇上堆積了大量的灰塵，因此平時就要用除塵撢來去除灰塵。

此外，浴室是非常潮溼的地方，排風扇的灰塵可能會混合溼氣導致出現發霉的情況。不過只要每個月打開一次濾網，用酒精擦拭排風扇，就可以避免黴菌的滋長。

建議每年都要將排風扇和通風口全部拆下來清洗1次。如果摸起來有黏膩感，可用肥皂搓出泡沫後沖洗乾淨。在將這些零件裝回原處之前，要先在陽光下確實曬乾。如果最後添加一道噴灑酒精的步驟，還可以防止滋生細菌。

要做的事項
（可拆卸的情況）

1. 將浴室、盥洗室、廁所及客廳等的通風口拆下來。
2. 灰塵沾染油垢時，可用肥皂搓出泡泡清洗，並確實沖洗乾淨。
3. 放在太陽下曬乾後，噴一層酒精除菌，等到再次完全乾燥後裝回原處。

也可以在週末「清掃高處」時，順便用除塵器具擦除通風口的灰塵。

推薦的打掃時機

每年1次　天氣晴朗的日子

推薦在天氣晴朗的上午清洗家裡的通風口，並且先在室外確實曬乾後再裝回原處。

清潔用具

- **肥皂**
- **酒精噴霧**（P47）

作業Check!

- ☐ 外殼和排風扇沒有灰塵。
- ☐ 完全乾燥後裝回原處。

要清除哪些髒汙？

灰塵、油垢

廁所和更衣室的排風扇常常都會沾滿灰塵。客廳的排風扇有時會因為廚房流出的油膩空氣，導致摸起來黏黏的。

清理衣櫥、壁櫥

原因 這些地方容易成為黴菌和細菌的巢穴。必須清除灰塵並以酒精除菌。

衣櫃和壁櫥也是建議每年打掃2次的地方。但應該有很多人裡面塞滿衣服、被子和收納箱等各種物品吧……。

因此，清掃衣櫃和壁櫥的最佳時機就是衣物換季的時候。屆時，先將裡面的東西都清空，再開始打掃吧！

在打掃之前，要注意的是，衣櫥和壁櫥屬於溼氣較重的地方。再加上收納在裡面的物品又都是些會吸收水分的材質（布料和棉布等），也就是說，這類地方非常容易發霉。

因此，清掃時禁止使用清水擦拭。如果因為打掃的關係而發霉的話，那不就本末倒置了嗎？所以清掃的同時也要預防發霉。

首先用吸塵器吸除灰塵，接著將酒精噴在乾燥的超細纖維抹布上後進行擦拭。藉由酒精的除菌能力來避免滋生黴菌等。因為酒精的揮發性高，不必擔心內部會受潮。待裡面完全乾燥後，再將衣服和被子擺放回原處。

要做的事項

1 將要收起來的衣服、被子以及收納箱等全部搬出來。

2 利用吸塵器吸除灰塵。

3 在超細纖維抹布上噴酒精後，由裡往外、由上往下擦拭。

趁著房間空氣流通時，打開壁櫥和衣櫃的門進行通風！

推薦的打掃時機

每年2次　衣服換季的時候

趁著衣服換季時進行衣櫥的大掃除。將所有的物品清空，並處理掉不要的衣物等。

清潔用具

- **吸塵器**
- **超細纖維抹布**
- **酒精噴霧**（P47）

酒精

作業Check!

- ☐ 衣櫥的最高處、牆壁和四角等都沒有殘留灰塵。
- ☐ 牆壁和櫃子沒有殘留溼氣。
- ☐ 超細纖維抹布沖洗乾淨後放入洗衣籃。
- ☐ 吸塵器收回原處，取出的衣服也放回原處。

要清除哪些髒汙？

灰塵、塵埃、黴菌、細菌

灰塵如果放著不管，就會愈積愈多，而且受潮後會形成滋長黴菌和細菌的溫床。有時甚至會成為塵蟎的巢穴，所以必須仔細地清掃。

被洗衣機和家具擋住的地方

原因

大型家電和家具後面的灰塵
沒有定期清除的話，容易成為巨大的細菌巢穴。

在撰寫這本書的過程中，曾進行過一項針對「有哪些地方不知道要怎麼打掃」的問卷調查。最多人回答的是「後面」，例如洗衣機後面、櫥櫃後面以及冰箱後面等。大型家電和家具的後面到底髒到什麼程度呢？到底沾有什麼樣的汙垢呢？正因為看不到，才會在意到不行。但是絕對不可以勉強自己，畢竟冰箱和櫥櫃等大型家具並不是輕輕鬆鬆就可以移動的家具，建議趁著新舊替換等時候再打掃。

如果是中型家具或家電，則可以兩個人合力抬起移動或是在傾斜的情況下擦拭。其中，強烈建議各位一定要清掃洗衣機的後面。因為洗衣機是溼氣重，容易滋生黴菌和細菌，有時還會沾染清潔劑汙漬的地方。清理時，可以兩個人分工合作，一個人負責傾斜洗衣機，一個人負責擦拭洗衣劑的縫隙。有時甚至還會在後面找到失蹤的襪子，所以還是定期打掃比較理想。

要做的事項

1. 關掉洗衣機的水龍頭，拔掉電源插座。
2. 一個人負責傾斜洗衣機，一個人負責以除塵撢清理牆壁和洗衣機之間的縫隙。
3. 再次傾斜洗衣機，用一次性抹布擦拭地板。如果有清潔劑的黏著物，可噴水擦除。

大型家具和家電必須要兩個人以上合力處理，絕對不能勉強喵！

推薦的打掃時機

每年1～2次

一到炎熱的季節，洗衣機就容易發霉。如果先利用4、5月的連假，在夏天來臨前清理好洗衣機的周圍，就可以放心地度過夏季。

清潔用具

- **除塵撢**
- **一次性抹布**

作業Check!

- ☐ 洗衣機周圍沒有灰塵和汙垢。
- ☐ 有重新打開洗衣機水龍頭和插上插頭。
- ☐ 髒掉的抹布和除塵紙已經確實丟棄。

要清除哪些髒汙？

灰塵、塵埃、黴菌、細菌、清潔劑

其中占比最高的是灰塵。灰塵在沾到溼氣、細菌及清潔劑汙垢後，很有可能會形成難以去除的汙垢。

心中的貓之手③

打掃初學者二三事Point

〈其5〉

丟垃圾只是拿走垃圾袋？沒有蒐集家裡全部垃圾的話，垃圾袋依然是空的。

負責倒垃圾的人要從所有房間的垃圾中，將垃圾集中成一袋丟棄。也不要忘了鋪上新的垃圾袋。

↓

煩躁時就改變想法

垃圾蒐集站夏天很熱、冬天很冷，還會散發出異味。對方可能覺得光是走去那裡就已經很辛苦了喵。

〈其6〉

清掃浴室時不只是浴缸也要刷洗牆壁和地板。

「說是掃了浴室」卻只有清浴缸？

如果不連牆壁和地板的汙垢都一起清除的話，會造成發霉喔！

↓

煩躁時就改變想法

因為每次都會打掃，所以浴缸顯得很高貴。泡在熱水裡時可以感受到愛喵。

PART 4

精選有助於打掃的產品

有助於打掃的產品&清除後能讓打掃更輕鬆的物品

為了讓打掃更輕鬆，建議要盡情活用順手好用的商品。
同時也介紹會妨礙打掃的物品，因此，請重新檢視手邊的這些物品。

終於將掃地機器人接回家裡了！
登登
先生看起來超級開心的。畢竟自詡為理科男，所以很喜歡機械。
哇！
我回來了，小機子今天打掃也辛苦了。
為何是女生的名字？
嗶
亂七八糟
小機子抱歉抱歉！是誰做出這麼過分的事。
咦？不就是我嗎？

為了小機子的安全，我將繩子捆好了。
啊！地上不能擺東西喔。
將不要的家具處理掉，這樣打掃房間會更輕鬆。
這傢伙什麼時候變得這麼愛打掃了！
東張西望
地板還有什麼應該整理的東西……
盯——
咦？是我嗎？

有！的話可以讓打掃更輕鬆的產品

我開始提倡天然清潔的契機是「不傷害雙手肌膚」和「環保」。但天然清潔劑之所以可以歷經4個半世紀直到現在還在使用，是因為**「打掃更加輕鬆」以及「去汙效果比合成清潔劑更加顯著」**。利用小蘇打水來擦拭的話，就算不用力搓洗也能輕鬆清除汙垢。而且還不用再用清水擦拭，真的是少了許多麻煩。再加上只要噴灑酒精後擦一擦，就有除菌的效果，如此輕鬆就是其留存到現在的原因。

清掃工具也一樣。如果是試用過後會覺得「輕鬆又好用！」的商品，就算價格稍微有點高，也必須要投資。其中最具代表性的是**掃地機器人**和**洗碗機**。掃地機器人可以在我們外出的期間確實清除家裡的灰塵，大幅降低打掃的繁瑣程度。

洗碗機除了可以幫忙洗碗，還非常適合用來清理容易因為油垢摸起來油油膩膩的物品，例如爐子周圍的零件等。而且在設計上，不依賴合成介面活性劑，而是用高溫的熱水，也就是利用溫度來除垢。這種方式不僅安心、安全，還很環保。

另一方面，也有一些即使很受歡迎，但不建議使用的打掃工具，蒸氣吸塵器就是一個例子。蒸氣吸塵器會利用高溫的蒸氣來軟化油汙，但使用完後，吸塵器卻很難完全乾燥。而且我認為在情況惡化到必須用這項工具前，就先仔細地清除汙垢會比較好。

以下會介紹4種工具和1種服務，這些都是有助於打掃，讓我更加輕鬆的代表選手。尚未體驗過的人請務必試著用看看。

選擇POINT

- 如果是能讓自己的生活更加輕鬆的物品，就算有點貴也要買下來。
- 選擇天然清潔的夥伴。
- 好清洗、好乾燥的工具是最佳的選擇。

有的話
更方便

在外出期間將房間打掃乾淨！

掃地機器人

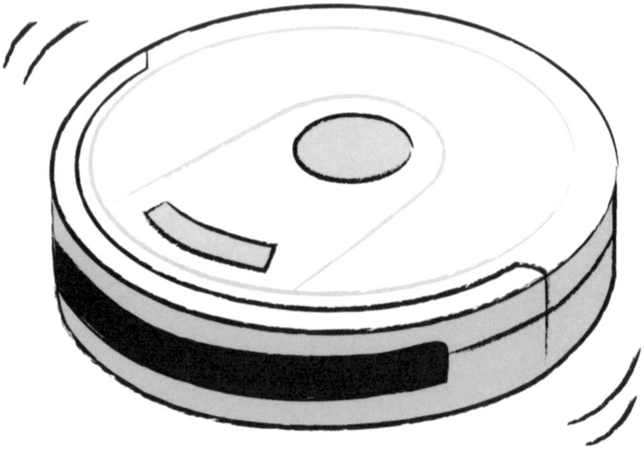

缺點

- 如果地上放有物品，就會停下來。
- 會捲入電線等。
- 會因為階梯而摔倒，無法動彈。
- 清潔速度慢。
- 清掃範圍有限。
- 性能愈好價格愈高。

推薦！

- 外出前打開開關，回家時就已經打掃完畢。
- 除塵效果比想像中的還要來得確實。
- 可以養成不將東西放在客廳地板的習慣。
- 像寵物一樣的感覺很可愛。

「我不在的時候就拜託了！」打掃的好夥伴

掃地機器人一般都是以「有沒有垃圾？」、「去那邊看看好了」的感覺在家裡轉來轉去，到處打掃。不用說木地板，連塌塌米和地毯也都不是問題。只要在出門前按下開關，回家就已經打掃完畢。對忙碌的主婦來說，是個非常可靠的夥伴。除此之外，雖然我還沒用過，目前擦地機也很受歡迎，因為可以完美去除地板油垢，得到許多好評。

目前也有人提供出租掃地機器人的服務，購買前或許先試用一下會比較保險。

本橋家有3台吸塵器

1 掃地機器人

2 充電式免插電吸塵器（渦輪式）

3 集塵式吸塵器

與貓咪一起生活的家中必須要有優秀的吸塵器

我們家是由3個人（夫妻與女兒）和3隻貓組成的家庭。順帶一提，還有3台吸塵器。
因為有貓咪的關係，到處都會有掉落的貓毛，所以要很用心地打掃灰塵。
2樓的客廳由掃地機器人倫巴負責，它會在白天無人在家時活動。免插電吸塵器則是打掃階梯的必備夥伴。而且在使用吸塵器清掃家裡所有的地板時，免插電的吸塵器可以靈活轉彎，使用上會方便許多。至於集塵式吸塵器，一般是用來打掃玄關和陽台。因為可以直接丟棄集塵袋，就算吸入沙子或泥土等，也不用擔心清理髒汙的問題。

有的話
更方便

利用高溫和鹼性清得乾乾淨淨

洗碗機

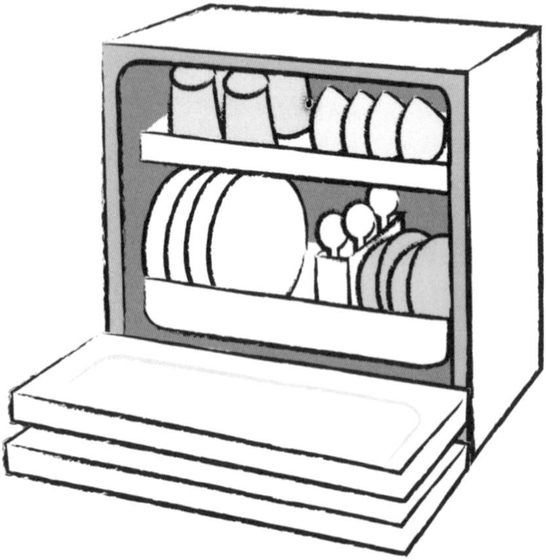

缺點

・需要很大的空間，不是所有的廚房都放得下。
・有些餐具沒辦法放進去。
・放餐具的時候，有時必須像拼拼圖一樣才有辦法放進去。
・不能放入不耐高溫和鹼性的物品。

推薦！

・不是用清潔劑的洗淨力，而是用熱水溫度的力量來清洗。
・因為是用高溫的熱水來清洗，可有效除菌、消毒。
・也可以拿來清洗爐子和排風扇的零件等。
・能在不傷害雙手肌膚的前提下將碗洗乾淨。

就算不用藥劑也能除菌和消毒

洗碗機最大的魅力在於，是用高溫來洗滌。不僅可以用過碳酸鈉來清洗，而且市售的專用清潔劑，也都是由相對比較安全無害的成分所組成。洗碗機同時也具有烘乾功能，所以在清洗完成後還可以順便消毒餐具和烹調器具。擁有洗碗機後，在挑選新的烹調器具時，要先確認耐熱溫度和尺寸，確定可以放入洗碗機。

為了維持洗碗機的乾淨，每次使用完都要清洗濾網。發現洗碗機內有油垢時，可先用抹布擦拭，在不放入任何餐具，也就是空機的狀態下，放入1大匙的過碳酸鈉，並按照一般程序啟動、運轉。

利用洗碗機洗這些用具會更方便！

排風扇零件

排風扇內部的多翼式送風機可以用洗碗機清洗，但如果是鋁製品，可能會變色。

爐架

髒汙若放著不管，持續加熱，就會產生教痕。若有洗碗機，就可以在每餐吃飽飯後放入清洗。

排水孔的濾網

只要每天都清洗，髒汙的程度就與一般的餐具無異。如果是由耐熱的金屬製成，可放入洗碗機清洗。

料理剪刀

兩片刀刃之間的縫隙常常會卡汙垢，建議放入洗碗機確實清洗。

篩網

篩網是不容易乾燥的烹調器具。只要利用洗碗機乾燥，就不用再擔心這個問題。

砧板

砧板非常容易滋生細菌，務必選用可放入洗碗機清洗的材質和尺寸。

有的話
更方便

連狹窄縫隙的灰塵也能捕捉

除塵器具

利用各種樣式的除塵器具來清除灰塵

除塵器具不僅使用上相當輕鬆，還能夠深入隙縫中除塵。但也有一些伸不進去的縫隙，例如家具後面等，遇到這種狀況時，也可以將除塵拖把的除塵紙纏繞在鐵絲上後使用。建議直立收納在櫃子中，以方便隨時取用。

推薦！

- 利用靜電的力量緊抓灰塵。
- 無論是狹窄的縫隙還是高處都可使用。

缺點

- 不適合用於清除混有油垢的灰塵。

有的話
更方便

只要用清水就能去除汙垢

超細纖維抹布

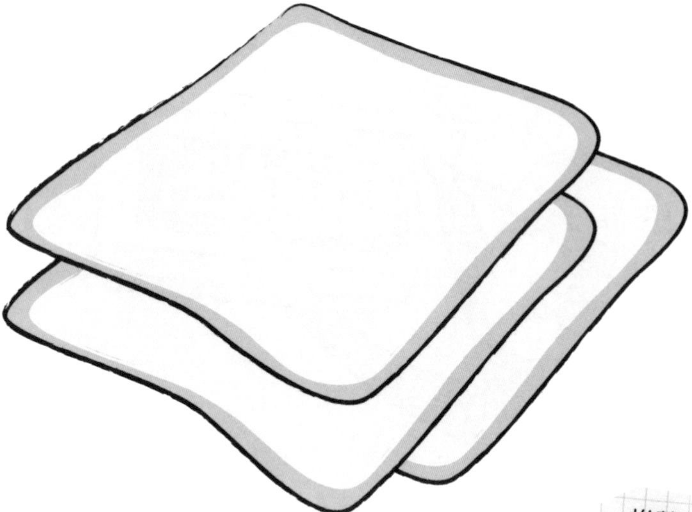

推薦！

- 無論是水分還是汙垢，都能利用超細纖維牢牢抓住。
- 乾燥速度快，適合用於清掃。

缺點

- 沾到細微的汙漬時，很難清洗乾淨。
- 不適合用熱水消毒。

最適合反覆使用的單品。先準備個10條以上吧！

從環保的角度來看，可能有些人會覺得要避免使用化學纖維，不過到目前為止，我尚未找到在乾燥速度、去汙性和價格方面優於超細纖維抹布的抹布。此外，舊毛巾請不要再拿來當作抹布，建議剪小塊當作一次性抹布使用。

有的話
更方便

清除成為負擔的汙垢

居家清潔服務

缺點

- 對於拜託他人來清理家裡，必須克服精神上的抗拒。
- 價格和服務並不統一，根據業者而定。

推薦！

- 無論是難以去除的汙垢還是無法觸及的地方，都能用專業的技術清理乾淨。
- 可以只單純委託清理冷氣或排風扇等。
- 也可以指定使用的清潔劑。

拜託專業人士來恢復原狀並保持「乾淨」

雖然不是清潔工具，不過委託專業的居家清潔服務也是一種選擇。可以只委託清理冷氣或排風扇等單一電器，也能請他們清理整個廚房或浴室等。範圍愈大，價格就愈高，不過也會呈現出相應的價值。

最輕鬆的打掃作業是「維持乾淨」。如果覺得「這個汙垢很棘手」，那就將打掃這件事交給專業清潔人員，自己專注於維持乾淨即可。只要想到是花錢買來的乾淨，就能提高維持的動機。

也能選擇自然清潔服務！

日本居家清潔服務的建議價格（編輯部調查，價格不含稅）

整個抽油煙機	17,000～20,000日圓
冷氣1台	12,000～15,000日圓
廚房	30,000～50,000日圓
浴室	20,000～30,000日圓
廁所	10,000～15,000日圓

我最近請了專業清潔人員來幫忙清理3台冷氣。自己清理的話，頂多只能擦拭冷氣周圍和清洗濾網，畢竟如果隨便觸碰內部的話，可能會導致故障。我委託的是專門進行自然清潔的業者，他們使用倍半碳酸鈉和碳酸鹽來清理冷氣。過程中，客廳（廚房隔壁）的冷氣竟然冒出黑水，嚇了我一跳，沒想到家裡原來這麼髒。因為是用自然清潔劑來清理，冷氣吹起來沒有異味，讓人感到很舒適。

沒有！的話可以讓打掃更輕鬆，建議盡早撤除的物品

經常有人問我「打掃應該要有什麼器具會比較好？」，但幾乎沒有人會問我「打掃應該不要有什麼物品會比較好？」。但老實說，比起「要」**也許「不要」更重要。**

首先，如果有物品直接放在地板上時，就要盡可能撤離。若廚房、浴室、客廳或廁所等有到處亂放，只為了「順手就可以拿到」的物品，必須決定好這些物品的收納地點並收拾乾淨。畢竟，東西放在那裡，就一定會堆積灰塵。假設這些物品放在用水處，就會聚集溼氣和細菌；放在客廳則會積灰塵。更何況，還會妨礙打掃，使環境更加髒亂，進而陷入惡性循環中。所以說，將地板上的物品收拾乾淨，才是打造良好循環的第一步。

另一個建議是**不要再使用容易沾染髒汙、不好清洗、難以乾燥的物品。**下一頁開始我會介紹「不需要的物品」，請務必參考看看。此外，還有我們家不會有的物品，例如布製沙發，因為髒汙會滲進沙發中，無法清洗乾淨。也沒有榻榻米。因為榻榻米不能用鹼

性清潔劑清洗，也難以用除塵器具清掃。所有的地板都是木地板，不過沒有打蠟，畢竟如果打蠟了，就很難用酒精清理，而且還必須定期重新塗刷，況且也沒找到成分上令人滿意的蠟。我也盡量避免購買無法放進洗碗機的餐具和烹調器具，光是做到這點，就能大幅減少每天要洗滌的物品。

工具應該是幫助我們打掃的夥伴，覺得用起來很有負擔的話，請果斷地處理掉並替換成更順手的工具。

選擇 POINT

- 不要放置沒有也不會有影響的物品。物品減少的話，打掃也會更輕鬆。
- 不好清洗、難以乾燥的物品容易滋生細菌，建議不要使用。

沒有的話
打掃
更輕鬆

容易堆積髒汙，而且還難以清洗

地毯、地墊

不要在地板上擺放無法輕易洗乾淨的用品

考慮到打掃的方便性，最好不要在地板上鋪墊子，例如地毯、地墊、玄關腳踏墊、廚房地墊及廁所吸水腳踏墊等。

這些物品大部分都容易沾染髒汙，還沒辦法簡單就清洗乾淨。而且如果不加以清理，就會散發出難聞的氣味，同時也會妨礙使用除塵拖把。

請試著下定決心撤除鋪在地板的各種地毯、地墊，什麼都沒鋪的室內，其舒適感肯定會讓各位感到訝異。如果腳底板覺得冷，就穿個室內拖鞋吧！

沒有的話
打掃
更輕鬆

將垃圾集中在一處的話會更輕鬆

垃圾桶

家裡不用到處都放垃圾桶

我們家只有在廚房放1個大垃圾桶，所有的垃圾都會丟在這個垃圾桶中。只有1個垃圾桶的優點在於，不用到每個房間蒐集垃圾，而且只要清理1個垃圾桶就好。

此外，我還在垃圾桶旁放面紙盒，想要擤鼻涕時就來這裡，擤完後馬上將髒掉的衛生紙扔掉。生理用品也是用紙包好扔到廚房的垃圾桶裡。

最正確的做法是，盡可能地不要在房裡放置打掃上會很麻煩，或是不想看到的垃圾。

沒有的話
打掃
更輕鬆

無法避免黏膩的汙垢

瀝水籃

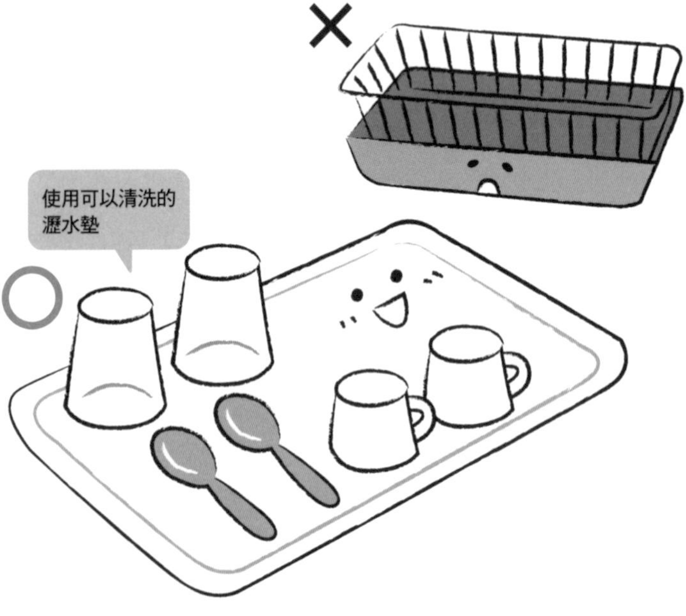

清理瀝水籃是件異常困難的工作

瀝水籃不僅很難清洗到每個角落，還要花很多時間才有辦法晾乾。而且仔細查看的話會發現摸起來黏黏滑滑的，所以每次都很猶豫要不要將洗好的餐具放在裡面。再加上每次好不容易清洗乾淨後，卻要花很長的時間才能晾乾，因此最後決定撤除這項器具。

取而代之的是瀝水墊。將洗好的的餐具倒扣在瀝水墊上，待餐具都擦乾並放回櫥櫃後，再將墊子放入洗衣機清洗。市面上也有販售珪藻土材質的瀝水墊，但我們不用難以清洗的用具。易乾、好清洗的用具才是適合擺放在用水處的選擇。

沒有的話
打掃
更輕鬆

一不小心就會成為滋生細菌的溫床

海綿

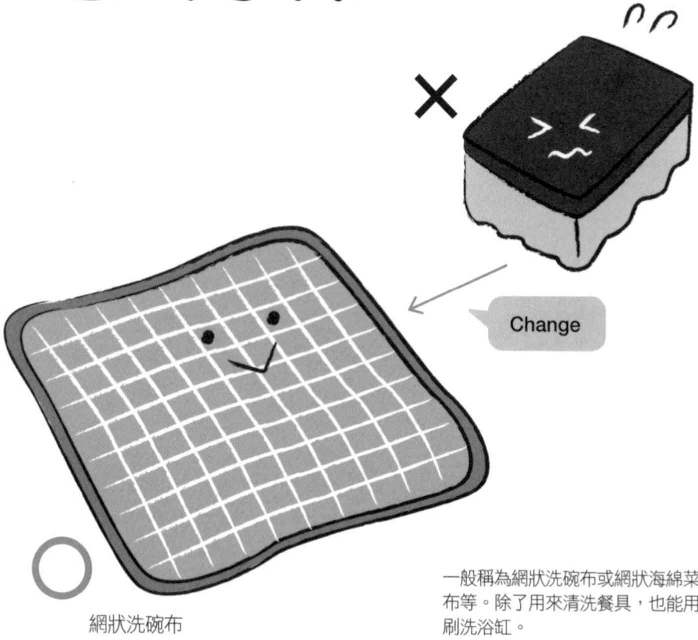

一般稱為網狀洗碗布或網狀海綿菜瓜布等。除了用來清洗餐具，也能用來刷洗浴缸。

喜歡使用輕薄易乾的網狀洗碗布

我家廚房沒有放置清潔劑和海綿的收納台，應該說，我本來就不用海綿。海綿不僅容易殘留清潔劑，而且因為很厚的關係，要花很長一段時間才有辦法晾乾。有水分和清潔劑（養分）的地方，就一定會滋生黴菌和細菌，根據調查顯示，只要兩個星期，海綿上的細菌就會繁殖到跟馬桶刷一樣多。

所以我是使用尺寸和迷你毛巾差不多的網狀洗碗布。而且用完洗碗布後一定要晾乾，畢竟保持乾燥才能防止細菌滋生。此外，我也會拿網狀洗碗布來清理浴室。

沒有的話
打掃
更輕鬆

浴室不要放任何物品

浴室置物架

原則上，浴室地板不放任何物品。浴室用的板凳掛在浴缸邊緣，洗臉盆則是掛在牆上。

將洗髮精和肥皂裝在籃子中放在盥洗室

浴室置物架不僅容易積水，還會沾附洗髮精等溢出來的液體。這些都會成為滋生黴菌和細菌的原因，像是瓶子後面發黑就是長出黑黴菌的證據。

與其一一清理這些發霉的物品，不如直接防止這種情況發生。我們家浴室是不放任何瓶罐的。洗髮精等都是各自裝在籃子裡，放在盥洗室，要洗澡時，就像去泡溫泉一樣，拿著籃子去浴室。洗好後，用擦拭身體的毛巾將瓶子擦乾並放回盥洗室。光是做到這項動作，就足以預防浴室發霉。

沒有的話
打掃
更輕鬆

僅僅只是拆除就能預防發霉

浴室的排水孔蓋

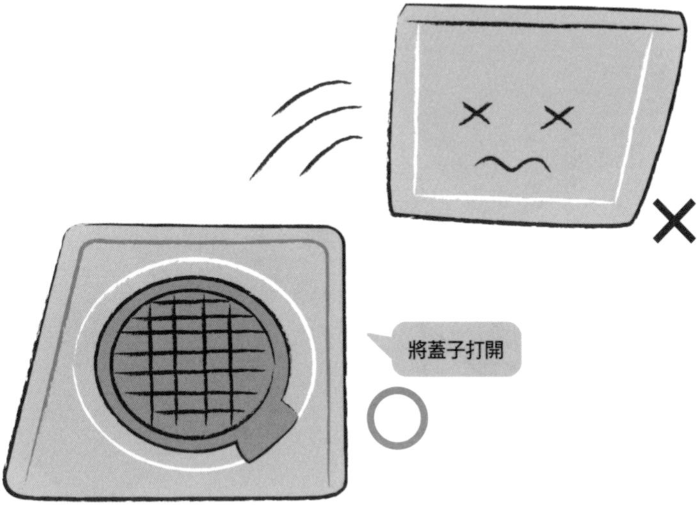

每次使用都要把排水孔的毛髮清乾淨

對浴室內的清潔來說，最重要的是要盡快擦乾，尤其是容易受潮的排水孔。所以每次洗完澡都要將毛髮清乾淨，而且最後洗澡的人要將排水孔的蓋子打開。如此一來，排水孔就會快速乾燥，防止細菌滋生。

排水孔和浴室的地板最好每週以小蘇打粉刷1次。洗澡的時候，在排水孔撒上小蘇打粉，使用可以靈活活動的尖頭刷刷乾淨。地板也用相同的刷子刷洗。如果在排水孔的零件上發現黑點，就用溶有碳酸鈉的熱水來進行除菌。

沒有的話
打掃
更輕鬆

因為絕對無法維持乾淨

馬桶刷

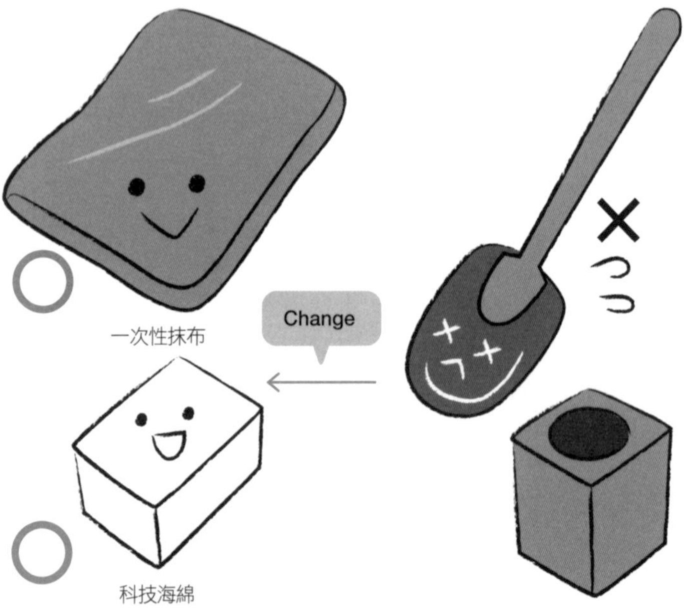

就算沒有刷子也能打掃浴室

我們家並沒有打掃浴室時一定會用到的馬桶刷。原因在於，市面上販售的清潔刷有多種形狀，但不管是哪一種都沒辦法完全清除馬桶複雜的汙垢。此外，不僅使用完後直接放入刷架會滋生細菌，而且每次要清洗、晾乾刷子都很麻煩。

之前在P96已經介紹過，如何在沒有馬桶刷的情況下清理馬桶內部的方法，不過其實只要鋪上過碳酸鈉膜，就連刷洗都可以省略。廁所地板沒有清潔刷、垃圾桶和地墊，打掃起來會輕鬆很多唷！

沒有的話
打掃
更輕鬆

凹凸不平而且不耐高溫

難以清洗的保存容器

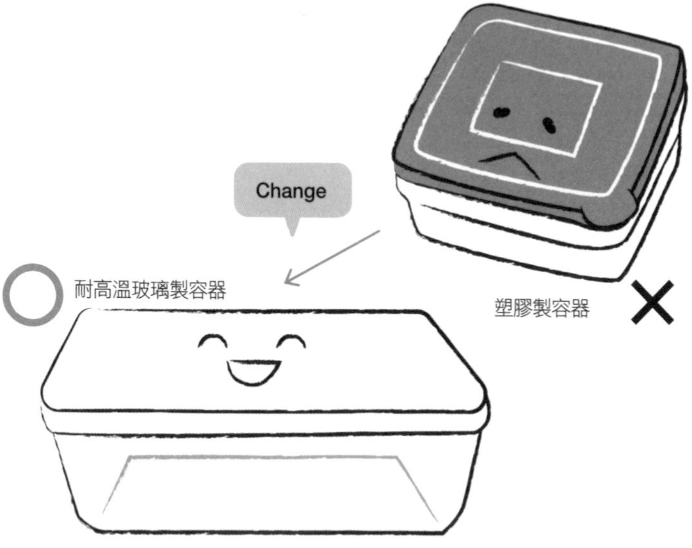

保存容器減塑！推薦耐高溫的玻璃材質

就如同前面已經多次強調過的「要選用可以放入洗碗機裡的餐具和烹調器具」，保存容器也是相同的道理。塑膠製的容器不耐高溫，所以放入洗碗機清洗會變形。就算要手洗，也因為凹凸不平的關係，導致難以清洗。於是，我將保存容器都換成耐高溫的玻璃材質。結果令我大吃一驚，無論是用洗碗機還是手洗，都很容易清洗，而且還可以用過碳酸鈉進行除菌。此外，如果是可堆疊的產品，就連收納都不用煩惱。若想要長期保存，建議使用遮光性高的琺瑯製保存容器。

沒有的話
打掃
更輕鬆

拒絕吸入或沐浴在細菌中
室內加溼器

加溼器水槽的水應該不能喝吧

各位有在清理加溼器水槽的內側嗎？或許會有很多人表示「完全沒注意過裡面」，但只要試著摸摸看，就會發現觸感黏黏滑滑的，也就是說，裡面正在滋生細菌。我想應該沒有人敢喝倒入這種水槽裡的水。不過，隨著呼吸吸入體內其實也是相同的道理。

加溼器的水槽非常難清洗，我曾試圖找出適合的清洗方法，但並不順利。所以我最後捨棄為室內加溼的加溼器，改用攜帶型加溼器作為替代。攜帶型加溼器只要選擇構造好清洗的產品，並使用飲用水來加溼，相對上會放心許多。

加溼器要仔細清洗並確實晾乾。在潮溼的狀態下使用的話，會滋生細菌。

沒有的話
打掃
更輕鬆

灰塵會愈積愈多

沒有腳的家具

確保掃地機器人進得去的空間

無論是沙發、收納櫃還是床鋪，都要盡量挑選有腳的家具。如果家具和地板間有縫隙的話，就能用除塵拖把或吸塵器清除灰塵。因此，之後要買新家具時，推薦選購底下有足夠空間讓掃地機器人進入的產品。

也有人會因為「床底下有收納的空間很方便」而選擇沒有腳的家具，但床底下的收納空往往都會積滿灰塵，而且非常潮溼。並不建議拿來作為收納衣服的地方。

心中的貓之手④

打掃初學者二三事Point

〈其7〉

地板不只是「用吸塵器吸一吸」就好，還要擦一擦清理乾淨。

打掃分成兩種，一種是用吸塵器等清除灰塵，另一種是用清潔劑或熱水擦拭清理。地板上也有皮脂造成的汙垢，所以也要進行擦拭清理。

煩躁時就改變想法

如果對方覺得擦拭很麻煩的話，也可以要求他穿襪子或室內拖鞋喵。如此一來，髒汙形成的方式就會改變。

〈其8〉

將「工作很忙」當作藉口，完全不做任何打掃工作。

有些人或許會覺得「有灰塵又不會死」，但乾淨的房間會讓人感到心情愉悅。請至少負責一件自己做得到的打掃工作吧！

煩躁時就改變想法

要求對方購買掃地機器人或擦地機來替他打掃喵！

PART 5

像這樣全家一起分工打掃 打掃成功的案例分享

這章訪問了全家順利一起分擔家務的人，提供給覺得「我們家都無法一起分工合作」的人參考。

想將「可以做的人去做」作為家庭打掃的基本

為了讓全家人一起打掃，到目前為止介紹的打掃的頻率和方法，已經為此做好準備。接下來就只剩下與家人共享。

我個人並不建議「依地點分配打掃的工作」，比較希望全家人都能閱讀並理解這本書的內容，並做到「可以做的人」「隨時」「在任何地方」當作是自己的工作來完成。即使是要分配，也要跟漫畫裡的夫妻一樣寬鬆不嚴謹會比較好。以下就來介紹幾個分工的訣竅。

●以每日打掃來說，如果之前有負責的家務，那就改成負責那件家務加上周圍的清掃。舉例來說，負責洗碗的人，同時也要擦拭爐子和洗碗槽。在這期間，其他人則負責擦拭地板等，以此類推。

●**盥洗室和浴室規定由最後使用的人來清理。**有些人會說「如果這樣規定的話，總是拖著不洗澡的國中女兒，就會馬上就跑去洗澡」，但我希望可以全家人共享清掃的方法，不管是誰最後洗澡都沒關係。

●如果是平時忙得不可開交，將家務都交給太太（媽媽）的家庭，就**在「每週打掃」、「每月打掃」時請全家人一起來清理。**全家人一起打掃時，自然而然地就會決定好每個人負責的工作，例如高處由身高較高的人負責、重物就交給男性等。就算是平常不太打掃人，大多也會在過程中察覺「這裡看起來很髒」這件事。從這點來看，或許只要開始動手打掃，對方就會願意認真地應對也說不定。

順帶一提，我們家是由我、身為上班族的先生以及上高中的女兒組成的一家三口。女兒也因為社團活動等外務，總是都過得很忙碌，所以我使用行事曆APP與家人共享定期打掃的時間。只要盡可能地提早向全家人宣布「我希望在星期日上午擦窗戶」，讓家人有足夠的時間做好覺悟（？）的話，就能讓當天的行動更加順利。

為了讓孩子將來成為獨立自主的人，要教孩子做家事

有時會有人問我「應該要怎麼教孩子打掃會比較好？」。關於這點，根據孩子的年齡，教法可能會有點不同。

如果是小學以上的孩子，首先是讓他們閱讀這本書。接著**像是進行化學實驗般，讓孩子體驗天然清潔劑的去汙效果。**

如果是年紀更小的孩子，我認為應該要從將父母打掃的樣子視為「理所當然」開始。

舉例來說，洗完澡後，讓孩子用蓮蓬頭沖洗殘留的洗髮精和潤髮乳，最後由媽媽用刮水板將水刮乾淨。只要多做幾次，孩子自然就會知道「洗完澡後要這樣打掃」。隨著孩子的年齡增長，再告訴孩子發霉是如何生長的，例如「這樣的話，就會長出黴菌喔」，以及一定要打掃的原因。

從幼兒期開始到小學低年級，年齡介於這段期間的孩子非常喜歡幫忙，雖然幾乎幫不上忙，還常常幫倒忙（笑）。儘管如此，請不要錯過這個時期，讓孩子一起打掃吧！小時候樂在其中的「幫忙」，在長大後就會變成麻煩事，畢竟孩子也很忙。我家女兒的日子也過得很忙碌，但身體似乎會自然地做起一直都在做的事情。她有時當然也會覺得很麻煩，不過倒是從來沒有抗拒過。

在我們家並沒有指定誰負責哪裡，例如，最後使用浴室的人負責打掃浴室，盥洗室、每次使用完廁所都要擦拭等。以前盥洗室是規定由當天最後使用的人打掃，不過在女兒抱怨「我都清好了，爸爸卻用得溼答答的」後，就改成「自己濺出來的水自己擦乾淨」。希望今後全家人也能相互磨合，一起打造出舒適的家園。

將做家務的方法傳授給家人，享受孩子的成長

安達富美子小姐
（上班族）

●家庭
丈夫（上班族）、兒子（高中3年級）、女兒（國中3年級）
●開始進行天然清潔的契機
孩子出生後，希望讓打掃方面更加安心、安全。尤其是年紀最小的孩子皮膚很敏感，想要使用不會引發過敏的清潔劑。

為了讓全家人一起做家事，選用安全的清潔劑

在我們家，大家都有「家事要大家一起分工完成」的共識，這個想法已經維持了一段很長的時間。畢竟夫妻都有工作，當然雙方都應該做家務，而且我們兩個都認為「家事＝家裡的事＝家人的事」。

所以在孩子出生時，我們很自然地會想說「要教導孩子做家事的方法」。

將打掃時使用的清潔劑換成天然清潔劑也是那個時候。因為今後要教孩子做家事的方法，不想使用對皮膚有強烈刺激性的清潔劑。先生在那個時候已經習慣使用浴室用、廁

所用等各個地方的專用合成清潔劑來打掃，所以剛開始要改為天然清潔時，他似乎有點不知所措。但我告訴他：「想用對孩子的肌膚沒有刺激性的方式來打掃。」並花了一點時間慢慢地改用天然清潔劑。我們家使用的是小蘇打粉、肥皂、過碳酸鈉、檸檬酸和酒精，偶爾也會用點倍半碳酸鈉。這些清潔劑一般家裡都會有，所以不會再出現「得買專用清潔劑清理排風扇」的情況，可以輕鬆地開始打掃，而且還不占空間。

「就算討厭還是要做」這點不管是大人還是小孩都一樣

我是在結束育嬰假回到職場時，開始教孩子做家事的方法。當時我抱持的想法是「與其讓孩子等我做完家事，不如讓孩子一起做，這樣對彼此都比較好」。如果只有父母在做家事，在清理完成前，孩子就只能乾等，但若是大家一起做家事，還可以增加親子間的互動。

從那之後，配合孩子們的成長，我依照「一起做⇓拜託他們做一部分⇓全部交給他們做」的順序，花時間教他們怎麼做。在他們可以一個人處理後，我會根據當時孩子的忙碌程度，重新考慮要讓他們負責做什麼。像是這幾年來，每年1～2次的大掃除都是由孩子作為主力軍來進行，這部分會在後面詳細介紹。

因為有很多朋友都問我：「你的孩子做好多家事喔，他們都不會不高興嗎？」我便試著找機會詢問他們本人的想法。

當我問他們「對於每天都要做的家事或大掃除，你們有什麼想法？」時，他們馬上回答我「嗯？很正常啊」而且還告訴我「雖然也有覺得討厭的時候，但也有不討厭的時候」、「有時因為很累，看到家事會覺得很麻煩」、「但是我很享受大掃除」、「對啊，我喜歡擦窗戶」。

確實如此，就連大人在感到疲憊時也會覺得打掃很麻煩，不過也有「好開心啊～」、「乾乾淨淨的，看了心情真好」的想法。如果有人問我是喜歡打掃還是不喜歡打掃，對於打掃我個人談不上喜歡，基本上要是「有人要幫我做的話，我會馬上讓給對方來做」。但畢竟是自己住的房子，所以還是得打掃。我想要傳達的是，我們家的原則是，每個人都應該去做自己做得到的事，而不是想說媽媽會做，其他人不做也沒關係，心情好的時候再幫忙就好。

清理烤箱的女兒。利用牙籤和泡過小蘇打水並擰乾的抹布，將烤箱清得乾乾淨淨。（2012年）

擦窗戶是最喜歡的打掃工作。因為長高的關係，手可以伸到高處清理。（2012年）

打掃除的主角是孩子們。那要打掃哪裡呢？

在家務中，孩子尤其活躍的是在大掃除的時候。我們家一年會大掃除2次，分別是在天氣好的夏天和年末進行。相較下，水溫溫暖、容易軟化汙垢的夏天，要做的家務會比較多。

到了大掃除的季節時，我會將要做工作做成一覽表後貼在牆上。每個人負責的事務用希望制來決定。等到大家將想做的工作一一完成後，再進行最終檢查。因為每年都會進行，孩子似乎都有喜歡的打掃工作。

上面的照片是孩子們還只是國小生時，進行大掃除的模樣。孩子的眼睛比大人還來得好，很擅長打掃細微的部分，而且因為身體很柔軟，可以幫忙鑽到狹小的隙縫中擦拭。當他們在下定決心「要將這裡清乾淨」時的專注力也非常驚人。

比起大人，孩子擅長的事情更多。對於孩子擅長清理的地方，即使孩子的年紀還小，也要全權交給他們。

大掃除一覽表是用來將工作內容「視覺化」的工具。藉由製作一覽表，在各種意義上都有幫助，例如「知道自己有多少事情要做」、「知道從哪裡開始的話就能完成」、「方便討論由誰來做什麼比較好」、「做完後會進行確認，所以會獲得成就感」以及「全家人一起討論剩下沒做完的工作該怎麼辦？」等。

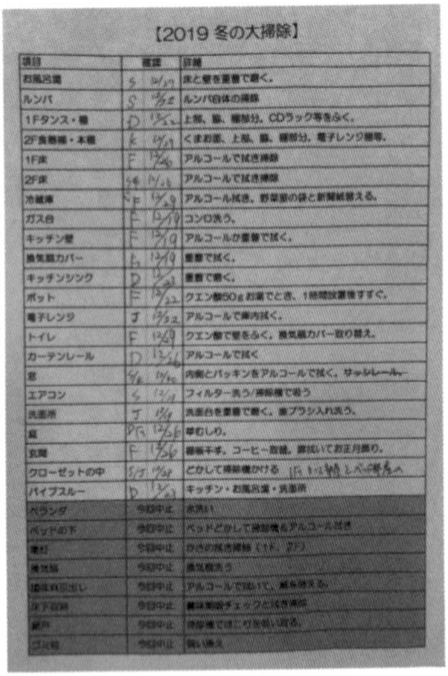

大掃除的一覽表。會使用到水的打掃安排在夏天進行，年末大掃除不再清理這些部分。完成的項目簽上名字和日期。（2019年）

比起父母感到輕鬆，更重要的是孩子自己獲得滿足感

在教孩子做家務的方法的過程中，我最在意的是心存感謝。孩子起初當然做不好，有時候也會希望他們更努力。遇到這種情況時，我會先向他們道謝，接著盡量不帶貶意

地，試著表達出我希望他們下次可以做什麼，例如，「謝謝你！下次如果這麼做的話，會更乾淨唷！」

提高孩子做家務的能力，比起讓父母更輕鬆，更重要的的是讓孩子實際感受到「自己對家裡有幫助」、「就算年紀還小，也有能力照顧好家裡」。每個孩子都擁有成長、思考和創新的能力。如果在學會騎腳踏車、認字、翻單槓中加上學會做家事，他們一定會過得更加開心吧！

我認為傳授家務是讓全家靈活度過每一天的「手段」。不僅僅是為了孩子們未來的獨立，還因為我們都不知道明天我和先生會發生什麼事。希望在遇到突發狀況時他們不會感到困擾，同時也為了使我們自己的時間更加充實。

分工POINT

- 教導的順序為「一起做⇓拜託他們做一部分⇓全部交給他們做」。
- 將想做的家事「視覺化」，提高成就感。
- 讓做家事也成為孩子成長的一部分，並使他們感受到完成的喜悅。

「完全不會做家事的先生，因為天然清潔劑而覺醒」

堀井麻葉小姐
（37歲／自營業）

●家庭

丈夫（造園業，36歲）、兩個女兒（小學6年級，老大）、兒子（小學4年級）、丈夫的雙親、鸚鵡1隻

●開始進行天然清潔的契機

3年前在聽說「天然清潔劑可以簡單輕鬆地將汙垢清理乾淨」後，開始對此產生興趣。

先生一臉恍然大悟的表示：「過碳酸鈉好厲害啊！」

我先生和我父親兩人一起經營造園業，剛結婚時，他幾乎不做任何家事。就連只是請他在晚飯開飯前先將碗盤擺好這點家事，他也以「這不是男人的工作」為由而拒絕。因為他從小就完全沒做過家事，我也只好聳聳肩，自己攬下來做。

曾經如此的先生，竟然能將打掃能力提升到讓我望塵莫及的程度，想想真是令人訝異。現在他已經可以在塞住水槽排水口，浸泡爐子的周邊零件時，同步以酒精噴霧擦拭冰箱。這些變化都歸功於與天然清潔的相遇。

3年前第1次以天然清潔劑來打掃時，我著實嚇了一跳，驚呼：「竟然這麼簡單就能去除汙垢！」我還實驗性地以過碳酸鈉來漂白先生工作時使用的帽子和工用手套，清洗後的結果比我想像中的還要乾淨。先生本來堅持認為「絕對不可能洗得乾淨」，看到這個成果後感到驚訝不已。我非常興奮，還將廚房器具浸泡在天然清潔劑中，並開心地將洗到閃閃發亮的器具拿到先生和孩子們的眼前展示。於是大家都興致勃勃地問說：「這是怎麼做到的？」因此我利用聽到的知識，向他們說明清潔劑的特性等。

從那時候開始，先生突然對打掃產生興趣。

在此之前，他一直處於「不知道清潔劑放在哪裡」、「不知道要使用哪一種清潔劑」的狀態，而且也覺得要一個一個來問我很麻煩。相對的，如果是使用天然清潔劑的話，只要知道原理，並根據汙垢的種類和強度來選擇清潔劑就好。而且「不會有清潔劑的味道」、「就算拿來漂白，雙手也不會覺得黏膩或變得粗糙」。此外，因為很容易沖洗乾淨，用來洗車也很方便。

就連孩子們也能理解區分、使用清潔劑的方法，很熟練地就能掌握哪一種汙垢用小蘇打粉來清理會比較好。

不會出現「不知道，要問媽媽」的情況

家務基本上都是我在做，但如果拜託先生或孩子們來幫忙，他們也會欣然接受。對於這件事，我的態度一直都是「不想做的話不用勉強，但如果願意幫忙的話，媽媽會很開心」。而且在得到幫助後，我也不會忘記對他們說：「謝謝，真是幫了大忙！」

在選購清掃器具時也是，相較看起來時不時尚，更傾向於從孩子到公婆，也就是全家人都能運用自如的型號。舉例來說，Dyson吸塵器的外觀很漂亮，但充電時間長，而且重量很重。在將吸塵器換成充電快速又輕便的牧田吸塵器後，就連孩子們和公公都會仔細地幫忙清掃。

同時，我也在天然清潔劑的瓶子上貼上遮蓋膠帶並以注音寫上「小蘇打粉」等字樣，以避免「因為全部都是白色粉末搞不清楚哪個是哪個」的情況。而且為了防止出現「不知道，要問媽媽」的狀況，我還將清潔劑和超細纖維抹布等放在大家都看得到的地方。

我覺得，如果要全家人一起做家事的話，最重要的是要讓打掃做起來輕鬆簡單。從這

個層面來說，沒有什麼清掃方法比無論是誰都做得到，任何人都可以模仿的天然清潔還要適合我們這一家。

分工POINT

- 展示並分享「天然清潔劑竟然可以清得這麼乾淨！」所帶來的感動。
- 打掃器具以全家人都能運用自如的角度來選購。
- 將清潔劑和抹布放在顯眼的地方，避免「要問才會知道」的情況。

「想法要用言語來表示，光靠碎念並不能傳達」

星野敬子小姐
（43歲／研討會講師）

●家庭
丈夫（司法代書人助理，46歲）、2個女兒（國中3年級、小學6年級）

●開始進行天然清潔的契機
大女兒一出生就因為穿著以合成清潔劑清洗的貼身衣物，引起皮膚過敏。藉此機會重新檢視了清潔劑。

●部落格
http://thankslovelytechou.blog.fc2.com/

「為什麼做家事和育兒的人都是我？」

我們家開始分擔家事的契機，我想應該是在大女兒還是嬰兒的時候。某天晚上，我好不容易將女兒哄睡，得以回到房間時，先生正在看電視，而洗碗槽堆滿還沒洗的餐具。看到這個情景，我的內心不禁湧出疑問。

「飯是我煮的，照顧和哄睡小孩的也是我，為什麼做家事和育兒的人都是我？」

我將這個想法告訴先生時，他嚇了一跳並向我道歉。他似乎一心認為「媽媽照顧嬰兒

是天經地義的事情」。他對我說「我沒想到會讓妳很有負擔，所以也沒想過要跟妳輪流哄睡或哄抱小孩」的時候，我也嚇了一跳。我們明明一直在彼此身邊，卻完全沒有將心情傳達給對方。

我就是在這個時候學會，想要對方做什麼的時候，就要直接了當地說出來。例如，在我告訴先生「希望今後由你來洗碗」時，他毫無怨言地欣然接受。這就是我們家家事分工的開始。

現在的分工方式是，由我清理洗碗槽周圍和爐架，替換排水孔濾網和丟垃圾的是先生；盥洗室的打掃由我負責，最後洗澡的人負責浴室；清理地板灰塵的則是孩子、我或先生等有空閒的人。不過基本上，秉持的態度就是「會做的人去做做得到的事」、「注意到的人拜託有空的人」。因此，家裡不會出現任何勉強他人的情況，所有人都是以「如果你有空幫忙的話就太好了」的態度來拜託對方。

不要突然提出要求，必須提前告知！

當然有時也會得到「我不想做」的答覆，但也無可奈何，這時不要太過在意，告訴對方「我知道了」後就轉身離開吧！

在孩子還小的時候，我就開始透過反覆一起進行來教導他們打掃的方法。不久後，他們就可以自己一個人獨自完成，直到現在，他們已經各自會用自己覺得方便的方法來打掃。先生會建議孩子們「這麼做就好了，這樣會更快、更輕鬆」，但是否值得參考取決於孩子本人。

我也會在對成果不滿意時拜託他們「可以的話，這裡是不是也可以這麼清理呢？」例如，「餐具洗好後，桶子也幫忙稍微洗一下並倒扣晾乾吧！」，不過要不要做由本人來決定。儘管如此，我還是覺得應該將自己的希望傳達給對方。

孩子長大後，會開始忙於學習才藝和補習等，先生也會有行程上的安排。因此，我深切地感受到，如果有什麼事想拜託時，就必須提前明確地告知他們。只要事前先表示「可以在週末之前幫我清理排水孔嗎？」、「這次連假，如果天氣好的話，大家一起把窗戶擦一擦好嗎？」，他們大多都會願意幫忙。最重要的是要將想法說出口，畢竟不管再怎麼碎唸說「真希望有人來幫忙」，也沒辦法傳達給對方。

分工POINT

- 即使認為「做這些不是理所當然的嗎」，也要用「拜託」的方式來傳達。
- 做法交由本人來決定。對於無法接受的部分，要用「是不是可以這樣呢？」的語氣來拜託。
- 不要突然提出要求，必須提前告知！

「4年前開了麵包店。先生和3兄弟幫忙處理生活事宜」

大野陽子小姐
（49歲／經營麵包店）

●家庭
丈夫（自營業，49歲）、3個兒子（高中3年級、高中2年級、小學5年級）

●開始進行天然清潔的契機
在大兒子出生後，開始使用肥皂清洗布尿布，因此慢慢地不再使用合成清潔劑。

●IG
https://www.instagram.com/lwan_bakes/

1天工作18個小時，完全沒時間做家事！

從孩子們還小的時候，我就已經跟他們約定好以1次10日圓的酬勞，讓他們打掃浴室、擦拭餐具和收衣服等各種家務。現在想起來當時還算是輕鬆愉快。

情況發生巨大的變化是從大約4年前我開了一家麵包店開始。當時每週工作6天，每天18個小時，以致於完全沒時間做家事。不僅每週4天的營業日，就連事前的準備和進貨日也非常忙碌。因此，營業日的家事全部都改由先生包辦，但先生好像也很辛苦的樣子，不知不覺間，曬衣服、丟垃圾、準備晚餐都轉而由3兄弟負責。晚餐好像是先生趁

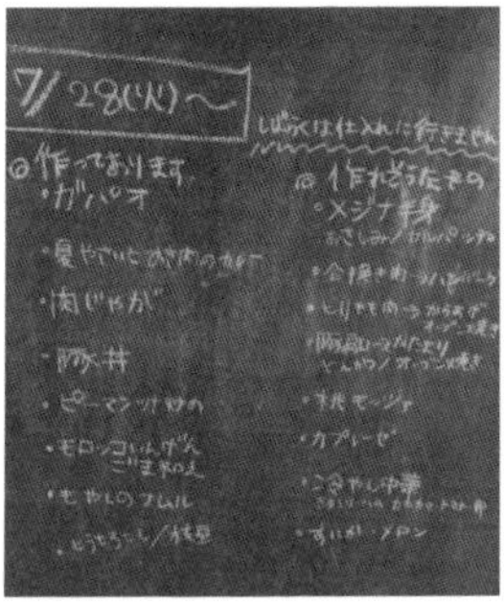

我會準備好一週的晚餐，並列成清單。3兄弟會從那些菜色中重新加熱當天的晚餐，主食則是會另外煮飯或煮麵。

先生獨自承擔家務時的貼紙，孩子們好像沒有繳過罰金。

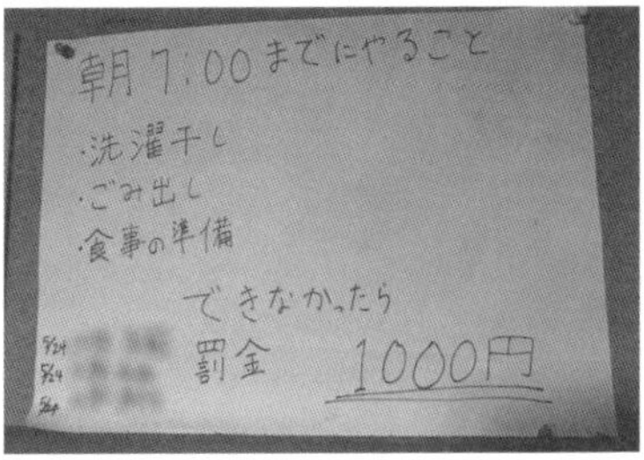

早上先做好，3兄弟要吃前再加熱。

現在麵包店的營業日減少為每週2天，所以晚餐的事前準備由我來負責。一般會在買完食材後，邊進行麵包店的前置作業，邊完成一整週的晚餐準備。而且我會在黑板上記錄要做的菜色，什麼時候要吃什麼是由3兄弟自己討論決定。有時候可能會因為突發狀況，導致什麼都沒來得及準備，這時哥哥們就會做漢堡肉或烤肉。晚餐後的整理通常都是由3兄弟負責，先生則會利用上班前的零碎時間將家裡各處打掃乾淨。

孩子當然也會表達不滿，例如「我的朋友都不用做家事」、「我還想玩久一點」、「好麻煩」等。但我沒有試圖去說服他們，畢竟全家人要生活的話，就必須要有人來做這些事。

「一開始覺得很麻煩，但現在已經不一樣了」確實感受到孩子的成長

正因為如此，我真的很感謝3兄弟和先生，常常會對他們說「謝謝」、「幫了大忙」、「抱歉」，並且不會覺得他們做這些是理所當然的。

晚餐後的收拾雖說是由3兄弟負責，但也是會遇到我回到家的時候，東西還丟在那裡的情況。這時，就算已經很累了，我還是會對他們說：「來一起收拾吧！」或「可以跟我一起收拾嗎？」

我們是使用天然清潔劑來打掃。從某個層面來說，天然清潔就像是化學實驗，所以男孩子對此很有興趣。通常我會要他們先看我做，之後再請他們試試看，當他們完成後，誇獎他們「喔！做得很好！」。如果有哪裡做錯了，我會用「做得很好唷！但這裡如果這麼做的話效果會更好！」的說話方式來糾正。

但我不會勉強他們。事實上，因應先生的要求，家裡又開始使用黴菌用清潔劑、廁所用清潔劑和浴室清潔劑。

前幾天，我問兒子們「覺得怎麼樣？做家事很辛苦嗎？」他們回答我「一開始覺得

很麻煩，但現在已經不覺得了」、「反正搬出去後也是要自己做」。大家都長大了呢！謝謝你們。

分工POINT

- 確實拜託對方「我沒辦法做，希望可以一起完成」。
- 對方沒有完成負責的工作時，要說「一起解決吧！」而不是斥責。
- 不要強迫大家都用天然清潔的方式來打掃。

「在孩子『想做的時候』讓他們做，以此體驗成功的感覺」

黑井聖子小姐
（41歲／Life Organizers®、community Sun主持人、教練及講師）

●家庭
丈夫（自營業，39歲）、2個女兒（小學4年級，老大）

●開始進行天然清潔的契機
我和家人的皮膚都很敏感，想要過著對皮膚和地球都無害的生活。

●部落格
https://ameblo.jp/seicorocoro726/

家人是團隊！發揮每個人的優勢！

我認為，家庭與足球和棒球等一樣，是藉由團隊的力量所組成的。每個人都要針對自己擅長的領域，為了家庭而工作，而且大家都對此表示認同和感謝。如此一來，家庭這個團隊就能夠順利運轉。

在我們家是根據每個人的個性和長處來分配家務。先生是比較在意小細節的類型，由他負責做需要花費時間和精力的美味料理。就連在打掃方面也是如此，先生只要鼓足幹勁，就會澈底將汙垢清理乾淨，真的非常感謝他；大女兒最擅長打掃浴室，也很善於將整理系統化；二女兒則是負責仔細做好每天都得做的事項。

每日打掃方面，基本原則是誰注意到誰就去做。例如，每次都由發現灰塵的人拿吸塵器吸乾淨；擦地板則是週末全家一起完成。孩子們目前分別是9歲和5歲，但她們已經能處理好自己的事情。我每天要做的事情，大概只有煮飯和掃廁所而已。

失敗幾次都還可以接受。不要害怕，要支持「想做」的心情

當我談到這個話題時，就會有人問我「要怎麼樣才能養育出那樣的孩子呢？」那或許是因為我沒在照顧孩子和先生的關係。當然，孩子還是嬰兒時什麼都做不了，所以那段期間由我來替他們完成，但到了1、2歲的時候，她們開始會說「我自己做！」，這時我就會說「已經會自己做啦！好棒唷！」，並且慢慢地把工作交還給她們。例如，她們想自己穿衣服的話，就教她們怎麼穿，然後等她們自己穿好；她們想倒牛奶的話，就讓她們試試看。或許會失敗也說不定，畢竟孩子自己也會緊張，但很快就會熟練、掌握的。幾次的失敗還在可接受的範圍，如果因為害怕孩子失敗而壓抑他們「想做！」的心情，那到了5歲左右，就算對他們說「快去做」，也很可能會得到「不要～媽媽幫我做！」的回答。

當孩子幫忙做家事時，表達感謝之意也很重要。無論是對小孩還是大人來說，幫上別人的忙都是一件值得開心的事。所以當獲得幫助時，第一件事就是要說「謝謝」。

對待先生也是一樣。看到結果後，有時可能會湧出「希望他這麼做」的心情，但請把

這個心情擺在一旁，首先應該打從心底向他表示謝意。接著在看準時機表達自己的需求，例如，「這裡如果可以幫我這麼做的話就太好了，你覺得如何呢？」等。

為了讓全家人都可以順利做好家事，我們也會隨時調整打掃方面的安排。例如，最近在沙發底下放了充電式的吸塵器，這樣大家就都能輕鬆地使用吸塵器。而且大女兒吹完頭髮，用吸塵器將頭髮吸乾淨時，也會順便將客廳地板吸一吸，真是幫了大忙。

現在還有許多人認為家務和育兒都是媽媽的工作。但鍛鍊團隊力量不僅能讓家人之間的關係更加緊密，也能讓孩子逐漸學會獨立自主。

分工 POINT

- 發揮每個人的個性和專長，為團隊做出貢獻。
- 願意幫忙的話，要表示出感激之情，而且要尊重每個人的做法。
- 要建立一個便於全家人使用、收尾的打掃系統。

本橋老師　您好

經過一番周折後，
我們家的打掃狀況
已經差不多固定了。
負責清理灰塵的是先生和小機子。
因為灰塵減少的關係
家裡非常清爽乾淨。
而且先生也變得
很擅長收拾、整理。

一塵不染

廚房和爐子的清掃由我負責，
我都是在煮飯時
順便清乾淨。
洗碗槽和排水孔是
整理餐具的人
按步驟清理。
對了對了，
我們也買了洗碗機！
因為爐子的零件和排風扇
都可以放進去。

用力
擦洗
打掃上輕鬆很多。
由於到了夏天，
家裡會增加一位新成員，
打算在5月的連假大掃除，
以迎接一個沒有發霉的夏天。
希望可以快點和這個孩子
一起分工打掃。
老師，真的很感謝您！
祝好
太好了呢！

Q&A 家事分工的煩惱

Q 先生的收入比我高，所以我覺得由自己來負責做家事是理所當然的。

不管收入多寡，無論是誰都應該自己完成自身周邊的事情。或許根據狀況，分擔的責任和負責的工作會有所不同，但不應該是抱持著「不用做家事也沒關係」、「沒有必要做家事」的態度。對方可能因為工作的關係很忙碌，不過還是要試著與他討論，讓對方覺得「就算不多，也要多少做一些自己做得到的事」。

Q 先生不相信天然清潔，想使用合成清潔劑。

不要勉強對方，一開始先讓他用喜歡的清潔劑來打掃。之後再找時機，請他使用看看天然清潔劑，並試著解釋去汙的原理，以及沖洗上會有多輕鬆。據說男性其實更容易愛上天然清潔。

Q 拜託先生或孩子時，會因為他們敷衍了事而感到煩躁。

那當下他們也覺得自己的做法看起來像是敷衍了事嗎？用「好好做」這種標準模糊的說法，不僅無法順利傳達，反而還可能會打消對方的幹勁。百聞不如一見，有時可以全家人一起打掃，讓大家看看你打掃的方法。

Q 拜託家人收拾乾淨時，對方卻改變收納的位置。

沒有物歸原處應該是有原因的，或許是因為不知道要放在哪裡，只好放在其他地方也說不定。這時候可以在抽屜或櫃門貼上寫有這裡放什麼的清單或照片，如此大家就會放回正確的位置。也有可能會出現，本人知道要放在哪裡，但覺得原處的位置不太好放，感覺很麻煩的情況，例如是在難以觸及到的地方等。針對這個問題，最好是和全家人討論看看，並交換意見。

Q 孩子的房間很髒，看了很煩。我應該要制定什麼樣的規則比較好？

根據孩子的年紀，情況可能會有所不同，但我基本上不會去干涉孩子的房間。相對的，我也不會出手幫忙。因為我認為要給孩子時間，直到他們自發性地想要整理乾淨，這樣對於獨立自主才有幫助。當然，如果是要討論收拾和打掃的方法，我還是會傾聽他們的想法。

Q&A 健康與打掃的關係？

Q 濃度35%的酒精噴霧能消滅病毒嗎？

「消毒」一詞是醫學用語，意思是將細菌和病毒的數量減少到無害的狀態。要用來消毒的話，酒精必須要有一定的濃度，35%並不足以用來消毒。另一方面，「除菌」一詞不是醫學用語，沒有明確的定義。本書介紹的35%酒精噴霧，主要是用來預防滋生黴菌，以及清除油垢，頂多只能稱為「除菌」。

Q 我覺得病毒很恐怖，是不是應該要用酒精將整個家裡都消毒一遍？

據說，光是消毒手指就需要3～4ml的消毒乙醇，是個會讓手和手指都溼透的用量。從這個角度來考量的話，消毒一整個房子所需的酒精用量會非常可觀，可說是相當不實際。其實只要確實打掃清除汙垢，病毒也會跟著減少。也不要忘了基本的防範對策，例如飯前洗手等。

Q 病毒會和黴菌和細菌一樣，在浴室等地方滋生、繁殖嗎？

病毒會在進入人體後增生，但不會像黴菌或細菌那樣隨意繁殖。附著在物質上的病毒，根據種類的不同，存活時間從數小時到數天不等。某種程度來說，黴菌和細菌比病毒更難解決。

Q 打掃是否有助於預防傳染病？

當然是有幫助的。畢竟灰塵和汙垢中可能潛藏著黴菌、細菌以及病毒。藉由去除汙垢並沖洗乾淨，有助於減少病毒和細菌，進而降低感染的風險。如果不先清理乾淨就直接噴灑消毒劑，基本上很難發揮出消毒劑的效果。因此，為了提高消毒效果，必須將環境打掃乾淨。

Q 為什麼天然清潔對身體有益呢？

進行打掃和維持周圍環境的整潔，可以減少病毒、細菌和過敏原。選用原本就不易髒或不易產生靜電的產品，也能降低吸附病原體的風險。如果選擇放入嘴裡也沒關係，而且不會傷害皮膚，又能去除汙垢的天然清潔，還能降低清潔劑對身體造成不良影響的可能。

後記

今年是發生劇烈變化的一年。
隨著在家度過的時間增加，
應該有很多人希望讓家裡住起來更加舒適吧？

在我們家，這段期間全家人一起做家事的機會增加了。
上高中的女兒考慮到不久後，自己即將要面臨獨自生活的日子，
並作為這個家的一員開始著手做家務。
先生和女兒看著我一邊工作一邊想著下一餐要準備什麼菜色，
在工作的間隙打掃和洗衣服的樣子後，好像得到了什麼啟發。

我有時必須頻繁地出差，這時我的家人都會一起幫忙做家務，
而且全家人都是使用天然清潔的方式來進行打掃。
其實有很多人問我：
「要怎麼樣才能讓家人幫忙作家事？」

為了在被問及這個問題時，可以提供參考的書籍，我撰寫了這本書。
天然清潔的優點是，無論大人還是小孩，任何人都能夠運用自如。
只要知道「要做的事」和「目標」，就不會對要做的事情感到迷惘。
面對打掃，沒有人可以置身事外。
我的本意不是「幫忙」而是「自立」。
作為家庭這一團隊的一員，希望每個人都要作為當事人負責家務。

在製作這本書的過程中，有423個人幫忙填寫問卷調查。我以這份問卷調查的結果為基礎，著重於最多人在意的地方，介紹清除汙垢的方法。如果這本書可以為協助填寫問券的人，與閱讀這本書的人帶來幫助，我會感到很榮幸。
希望大家可以愉快、舒適地度過在家的時光。

本橋ひろえ

作者簡介

本橋ひろえ

日本北里大學衛生學系化學科（現為理學系化學科）畢業。曾在化工企業就職，並於化學事業部負責水處理事業、化學藥品銷售，以及合成清潔劑的製造。生下孩子後，由於孩子與自己一樣是過敏體質，因此以主婦身分重新對清潔劑產生興趣。以主婦的角度來看待打掃、洗衣和清潔劑，並開始舉辦天然清潔講座，以化學的角度說明如何清潔。經過10年以後，已經從東京將此理念推廣至日本全國。日前也致力於線上講座。著有《無毒居家清潔密技》（楓葉社）、《ナチュラル洗剤そうじ術》等。

STAFF
裝幀・設計　mocha design
漫畫・插畫　アライヨウコ
編輯　神素子
DTP 製作　天満咲江（主婦の友社）
責任編輯　宮川知子（主婦の友社）

極簡居家打掃術

出　　版／楓葉社文化事業有限公司
地　　址／新北市板橋區信義路163巷3號10樓
郵政劃撥／19907596 楓書坊文化出版社
網　　址／www.maplebook.com.tw
電　　話／02-2957-6096
傳　　真／02-2957-6435
作　　者／本橋ひろえ
翻　　譯／劉姍珊
責任編輯／王綺
內文排版／洪浩剛
港澳經銷／泛華發行代理有限公司
定　　價／350元
初版日期／2022年1月

國家圖書館出版品預行編目資料

極簡居家打掃術 / 本橋ひろえ作；劉姍珊翻譯. -- 初版. -- 新北市：楓葉社文化事業有限公司, 2022.01　面；　公分

ISBN 978-986-370-366-2（平裝）

1. 家政

420　　110018648